EXPÉDITION COSMIQUE

SÉRIE « SF Jimmy GUIEU »

Déjà parus

N° 1 — Au-delà de l'infini
N° 2 — Les monstres du néant
N° 3 — L'Invasion de la Terre
N° 4 — Les Êtres de feu
N° 5 — Hantise sur le monde
N° 6 — Convulsions solaires
N° 7 — L'univers vivant
N° 8 — Réseau dinosaure
N° 9 — La Dimension X
N° 10 — Chasseurs d'hommes
N° 11 — La spirale du temps
N° 12 — Nous les Martiens
N° 13 — Le monde oublié
N° 14 — Mission « T »
N° 15 — L'homme de l'espace
N° 16 — L'Ère des Biocybs
N° 17 — Opération Aphrodite
N° 18 — Expérimental X-35
N° 19 — Commandos de l'espace
N° 20 — Planète en péril
N° 21 — L'Agonie du verre
N° 22 — Univers Parallèles
N° 23 — La Grande Épouvante
N° 24 — Nos Ancêtres de l'Avenir
N° 25 — L'Invisible Alliance
N° 26 — Prisonniers du Passé
N° 27 — Piège dans l'Espace
N° 28 — Les Portes de Thulé
N° 29 — Le Secret des Tshengz
N° 30 — Refuge Cosmique
N° 31 — Demain l'apocalypse
N° 32 — Les Destructeurs
N° 33 — Les Forbans de l'Espace
N° 34 — La mort de la Vie
N° 35 — Joklun-N'Ghar la maudite
N° 36 — Le Règne des Mutants
N° 37 — Traquenard sur Kenndor
N° 38 — Cité Noé N° 2
N° 39 — Le grand mythe
N° 40 — Les orgues de Satan

science fiction
SF

JIMMY GUIEU

Grand Prix du Roman Science-Fiction 1954
Prix du Roman Esotérique 1969
Grand Prix du Roman S.F. Claude Auvray 1973

EXPEDITION COSMIQUE

Plon

Remanié par l'Auteur, ce roman est la vivante adaptation de l'ouvrage paru sous le même titre, en 1959, dans la Collection « Anticipation » des Éditions Fleuve Noir.

Illustration de couverture : Pieri-Dominique Lacombe

ISBN 2-259-01185-3
ISSN 0-242-3715.

CHAPITRE PREMIER

Le professeur Stirinof, président de l'Académie des Sciences de l'URSS, relut pensivement la note dactylographiée qui accompagnait une lettre adressée au gouvernement soviétique par la présidence des Etats-Unis d'Europe.

Reçu trois jours plus tôt — le 21 mars 2005 — ce courrier confidentiel remis aux autorités soviétiques par l'ambassadeur européen à Moscou, avait soulevé une immense surprise dans les hautes sphères gouvernementales de l'Est. D'aucuns n'allaient-ils pas jusqu'à contester la véracité des faits avancés ? Voire, ne convenait-il pas de prendre le projet présenté comme une simple forfanterie sinon comme une manœuvre psychologique trouble dont on comprenait mal, pour l'heure, la signification ?

Le professeur Stirinof prit une longue cigarette à bout doré dans un coffret taillé au cœur d'une énorme opale vénusienne à irisations bleuâtres ; cet inestimable cadeau lui avait été offert onze ans plus tôt par le commandant du premier astronef russe ayant atteint Vénus. Le savant alluma la cigarette, fit quelques pas dans son vaste bureau et s'arrêta, songeur, sous le grand diorama mural dominant sa table de travail. Sur un fond noir clouté d'astres s'étalait notre système solaire figuré par les neuf cercles et ellipses des orbites planétaires ayant le Soleil pour foyer.

Le sourd grésillement du vidéophone tira le professeur Stirinof de sa contemplation. Son regard alla de la pendulette électronique à la lettre ouverte sur son bureau puis il abaissa le contacteur :

— Vous pouvez introduire le docteur Markridinova, ordonna-t-il à l'huissier apparu sur l'écran.

Au bout de quelques instants, une grande jeune femme entra dans le bureau : Lydia Markridinova, exobotaniste, universellement connue pour avoir participé à cinq missions d'exploration sur Mars et sur Vénus. Sa chevelure, courte et coiffée « à l'Aiglon », était d'un blond étrangement cendré, presque blanc, coloris qu'elle devait bien involontairement à l'action du rayonnement cosmique intense (1) auquel elle et ses compagnons du second voyage vers Mars avaient été exposés, lors d'une avarie fort heureusement très brève de leur vaisseau.

A son habitude, la botaniste portait un ensemble (pantalon fuseau et sorte de *battle dress* stylisé en tissu vert d'eau à reflets fauves)

(1) Au début de l'ère spatiale (années 50), aux USA, des animaux-cobayes embarqués à bord de fusées expérimentales et soumis aux rayons cosmiques ont vu, effectivement, blanchir leurs poils.

inspiré des combinaisons spatiales. Si cette fantaisie vestimentaire avait fait fureur en Europe une décennie plus tôt, aujourd'hui, elle n'était plus guère portée que par certaines femmes peu soucieuses de la mode. Tel était bien le cas de Lydia Markridinova. Néanmoins, son allure sportive n'altérait en rien sa féminité que soulignait volontiers un sourire plein de fraîcheur. Le charme naturel de cette jolie femme compensait avantageusement son insouciance des canons régissant la mode « in », occidentale en général et française en particulier. Mais Lydia ne dédaignait pas pour autant les parfums *made in Paris* et ajoutait à sa beauté piquante la fragrance de Fleurs de Rocaille.

Le professeur Stirinof l'accueillit en lui témoignant les marques de la plus vive sympathie avant de s'excuser, en guise de préambule :

— Pardonnez-moi d'avoir dû écourter votre congé, Lydia Markridinova.

— Pour être franche, je commençais à trouver un peu monotones ces vacances dans la station climatique du Gaurisankar. Je m'apprêtais à filer sur les bords de la mer Noire, à Souk Houm Kalé. Ce détour imprévu par Moscou m'aura donc valu le plaisir de vous revoir, cher professeur.

— Euh..., toussota le président Stirinof, je crains fort qu'il vous faille remettre à plus tard les baignades en mer Noire, Lydia. A moins de refuser la proposition que j'ai mission de vous transmettre...

Il jeta derechef un coup d'œil aux documents étalés sur son bureau et enchaîna :

— L'ambassadeur des Etats-Unis d'Europe à Moscou a remis, voici trois jours, une lettre à notre ministre des Affaires étrangères ; un courrier bien singulier mais dont l'authenticité des faits exposés a pu être partiellement vérifiée.

« Aux termes de cette lettre, la présidence des Etats-Unis d'Europe a fait savoir à notre gouvernement que l'Etat de France, avec le concours de l'Etat d'Allemagne, ont mis au point un type d'astronef à propulsion ionique.

— Ionique ? cilla la jeune femme.

— C'est bien ce que j'ai dit. Cet appareil serait à même de rallier les planètes extérieures à Mars dans un délai *d'un à deux mois !*

La jeune exobotaniste prit le temps de puiser une MS dans son sac, l'alluma et, soufflant la fumée :

— Sincèrement, professeur, quelle crédibilité peut-on accorder à cette prétention... à mon avis manifestement exagérée ? Nos meilleurs vaisseaux à réacteurs atomiques couvrent la distance Terre-Mars en deux mois et Terre-Vénus en quarante-cinq jours ; les Américains ne font guère mieux. Et les Etats Européens, la France, seraient à même de... ? Non, j'ai peine à le croire.

— C'est ainsi qu'au début j'ai moi-même raisonné, Lydia. Aujourd'hui, pourtant, j'ai changé d'avis, avoua le savant. Nos services de renseignements sont affirmatifs : depuis deux ans, la surveillance des laboratoires du CNES

— le Centre National d'Etudes Spatiales à Toulouse, France —, où se poursuivent des travaux secrets, a été considérablement renforcée. Il semble bien, à ce que je crois comprendre, que nul renseignement ne nous parvient plus de cette contrée où nos... informateurs ont dû être éliminés ! Il en va de même pour les usines-laboratoires de Dortmund, en Allemagne, affectées à l'étude, à la fabrication des stabilisateurs gyroscopiques et des dispositifs de refroidissement pour réacteurs.

« Quant au cosmodrome guyanais de Kourou, nos meilleurs agents ont depuis deux ans perdu contact avec les « dormants » ou « actifs » que nous avions sur place. Indiscutablement, l'Europe et la France en particulier ont pris de sévères précautions pour entourer du plus grand secret les préparatifs et les essais de ce vaisseau révolutionnaire !

— Que les Etats de France et d'Allemagne, en si peu de temps, aient pu rattraper l'avance de notre technologie..., commença pensivement Lydia Markridinova.

— L'unification de l'Europe, son fédéralisme libéral et humaniste et son prolongement africain au titre d'Etats associés, reconnaissons-le, justifie cette réussite spectaculaire qui nous étonne, nous, précurseurs des vols cosmiques. Les faits sont là : les Etats-Unis d'Europe possèdent un vaisseau ionique supérieur à nos cosmonefs les plus sophistiqués !

— Soit, concéda-t-elle, mais en quoi tout ceci peut-il me concerner ?

— J'y arrive. Laissez-moi vous exposer auparavant le projet à longue échéance caressé par les Européens : la création des Etats-Unis du Monde.

— C'est nouveau ! ironisa la jeune femme. Ce rêve a été fait et refait bien des fois depuis la Seconde Guerre mondiale, sans qu'un semblant de réalisation satisfaisante ait été amorcé.

— Aux termes de cette note officielle, fit-il en désignant les documents étalés sur son bureau, les aspirations de l'Europe sont nobles qui visent à rapprocher notre pays du nouveau continent. Et les arguments avancés par les Etats de France et d'Allemagne — jadis ennemis et maintenant loyalement unis — sont pour le moins séduisants. En effet, l'Europe offre rien moins que de mettre à la disposition de *toutes les nations* les plans et procédés de construction du vaisseau ionique dont il est question dans cette communication.

« Mieux, l'Europe s'engage à apporter à cette confédération mondiale les moyens de gagner rapidement et, surtout, d'exploiter au profit de la Terre les planètes extérieures à l'orbite de Mars !

— Magnifique programme... qui me laisse assez sceptique, professeur.

Ignorant la remarque, le président Stirinof poursuivit :

— L'Europe pose toutefois comme condition déterminante préalable que la Russie, l'Angleterre et les Etats-Unis d'Amérique délèguent chacun, à titre d'observateur, un scientifique *non technicien* pour participer à la première randonnée spatiale au long cours de l'astronef ionique. La branche géophysique de l'expédition a été confiée aux Américains ; ceux-ci ont désigné le géophysicien Gavin Rice.

— Rice ? De la Columbia Université ? s'exclama-t-elle. Celui qui participa à l'exploration des régions équatoriales martiennes et des zones polaires de Vénus ?

— Lui-même. Les Anglais, eux, se sont vu confier le département biologique du *Projet X* — c'est là le nom de cette opération cosmique. Ils ont nommé à titre de délégué John Brewster, le jeune mais brillant biologiste auquel l'on doit d'avoir isolé et vaincu le terrible virus de la lèpre vénusienne. La section botanique, enfin, nous a été proposée. Quant aux autres branches de la science, elles seront confiées à des ressortissants des divers Etats européens ou africains.

« Les puissances étrangères invitées — et cela nous concerne aussi — ont désigné chacune librement un seul représentant scientifique délégué. Ces délégués doivent posséder une connaissance fidèle et pratique de l'anglais mais surtout du français. Or, vous parlez remarquablement ces deux langues, Lydia...

— Je vous voyais venir, professeur, sourit l'exobotaniste, et je suis fort honorée d'avoir été pressentie pour prendre part à cette mission d'exploration. Cependant... (elle alluma une MS, joua avec son briquet pour enchaîner :) sur quoi repose votre certitude quant à la valeur technique et la mise au point entièrement satisfaisantes de ce cosmonef ionique franco-allemand ou européen ?

— La note gouvernementale stipule qu'il ne s'agit pas d'un prototype mais bien d'un vaisseau rigoureusement au point dont les nombreux vols expérimentaux Terre-Lune, depuis des mois, ont pu donner toute garantie de bon fonctionnement.

— Depuis des mois ? Comment se fait-il que nos radars — au sol ou à bord de nos satellites — n'aient jamais fait état de ces vols ?

— Ils l'ont fait, Lydia Markridinova, mais la vitesse alors réduite de cet engin ne le distinguait en rien des autres vaisseaux lancés par l'Europe à destination de la Lune. En effet, les Européens ont joué de ruse : pour ne point éveiller les soupçons ; ils ont imprimé à cette unité — d'une taille très supérieure à la moyenne — une vitesse sensiblement égale à celle des bâtiments classiques !

— Bravo tout de même, fit-elle sportivement. Quel serait l'objectif de ce voyage de démonstration réservé à des scientifiques « non techniciens » ?

— La communication et la note gouvernementale mentionnent uniquement : expédition vers les mondes extérieurs à l'orbite de Mars. Cela peut aussi bien vouloir dire Jupiter que Saturne, Uranus, Neptune... ou Pluton, aux confins du système solaire ! La communication ne donne aucune destination particulière ; elle précise seulement que la durée de cette expédition cosmique n'excédera pas cinq mois, voyage de retour compris.

Elle tira pensivement sur sa cigarctte et remarqua :

— Vous semblez avoir accepté sans réserve les affirmations pour le moins surprenantes de cette communication, professeur, à tel point qu'un voyage aller et retour Terre-Pluton en cinq mois vous paraît chose très naturelle.

Le savant consentit à sourire :

— Il ne s'agit pas là uniquement de mon opinion, Lydia, mais bien aussi de celle du Soviet Suprême. Car enfin, si notre gouvernement a accepté l'offre de participation à cette expédition, si les USA et l'Angleterre l'ont à leur tour acceptée, c'est qu'en haut lieu on a la certitude de sa « faisabilité » dans les jours à venir. Tout cela ne peut être le fruit d'une quelconque manœuvre psychologique destinée à influencer notre peuple, celui de l'Angleterre ou des USA. Au reste, il est formellement stipulé — et les pays signataires ont souscrit à cette clause — que ce *Projet X* ne serait rendu public qu'après le départ du vaisseau.

« Ce protocole d'accord me paraît être un gage d'honnêteté de la part de l'Europe vis-à-vis des puissances étrangères qu'elle a généreusement pressenties.

La botaniste écrasa le mégot de sa MS dans le cendrier et soupira, désabusée :

— Professeur Stirinof, croyez-vous que la réussite de cet exploit et l'offre européenne de divulguer au monde entier le secret de la propulsion ionique, seront susceptibles de rendre plus sages les hommes et de les inciter à s'aimer enfin au lieu de se quereller, sinon de se haïr ?

« Après avoir conquis la Lune et s'être dangereusement disputé les concessions de son exploitation, des hommes ont atteint Mars, puis Vénus et, chaque fois, les mêmes raisons ont fait qu'ils ont joué de vitesse pour s'approprier ces mondes, fort heureusement privés d'espèces pensantes. Les mêmes dissensions faillirent déboucher sur une guerre incomparablement plus destructrice que ne le fut le second conflit mondial. La mise à la portée des Terriens d'autres planètes lointaines les assagira-t-il ?

— J'ai la faiblesse de le croire, sourit-il avec confiance. Depuis la Grande Purge et le remaniement fondamental de notre gouvernement, il y a moins d'une décennie, beaucoup de choses ont changé ; l'ère des dictateurs, des Hitler, Staline et autres Andropov est révolue. La guerre froide a cessé.

La jeune femme hocha la tête :

— Si ce cosmonef ionique européen et les suivants rendent exploitables — économiquement rentables — les gisements miniers de Mars, Vénus, Ganymède ou Titan, l'évolution sociale qui en résulterait pourrait effectivement entraîner les nations à s'unir pour fonder une confédération mondiale.

« De toute façon, conclut-elle, l'expérience vaut la peine d'être tentée. Je suis partante, professeur.

— Je savais que vous finiriez par accepter, avoua-t-il avec un contentement visible. La date du départ n'a pas encore été fixée mais vous devez vous rendre demain matin à Paris ; un représentant du Comité Européen de Coordination Scientifique pour le *Projet X* vous accueillera à six heures, heure française, à l'aéroport de Roissy.

« Ce représentant n'est autre que la psychologue bien connue Sylviane Beauchamp, la seule femme à avoir participé au premier vol européen Terre-Lune. Vous vous rendrez avec elle à la section de Médecine Spatiale du CEV (1) de Brétigny où vous serez soumise — ainsi que vos futurs compagnons — à la visite médicale et biologique réglementaire.

« Le départ du vaisseau pourrait avoir lieu durant la journée même de votre arrivée. Avant de vous confier le rapport succinct émanant des autorités européennes, Lydia, je tiens à souligner une fois encore le caractère confidentiel de ce *Projet X*.

— Je n'avais pas oublié ce détail, professeur, sourit-elle.

(1) Centre d'Essais en Vol.

CHAPITRE II

A l'issue de la sévère visite médicale et des multiples bio-tests qu'ils venaient de subir, les trois délégués scientifiques internationaux (le biologiste anglais John Brewster, l'exobotaniste russe Lydia Markridinova et le géophysicien américain Gavin Rice) avaient pris place à bord d'un ionojet militaire. Quelques instants avant le décollage, un hélico-réacteur de l'armée européenne avait amené une jeune physiologiste italienne — Vera Perego — qui devait in extremis rejoindre les occupants de l'appareil prêt à l'envol.

Ayant décollé de Brétigny à 10 h 30 pour une destination inconnue, le puissant quadriréacteur à aile delta glissait déjà dans l'ionosphère à une allure vertigineuse lorsque le docteur Sylviane Beauchamp, psychologue de l'expédition, apparut sur le seuil de la cellule-cuisine. Arborant un collant bleu pâle analogue à ceux qu'avaient reçus les passagers, elle apportait en souriant un plateau chargé de verres et de sandwiches.

Loin d'être l'apanage des Unités Spatiales, ce

justaucorps avait tout au contraire conquis la majorité des « civils » des deux sexes, enchantés d'avoir pu adopter ce vêtement fonctionnel garantissant son porteur des atteintes du froid, cela grâce à ses thermo-résistances.

Tout en offrant à ses compagnons des Pernod-Light glacés en apéritif, puis des jus de fruits et les sandwiches, Sylviane Beauchamp conseilla :

— Hâtons-nous car nous n'avons guère plus d'un quart d'heure pour « festoyer ».

— Vous paraissez être dans le secret des dieux, docteur Beauchamp, remarqua le biologiste anglais en dévorant un sandwich au jambon. Est-il prématuré de vous demander quelle est notre destination ?

Elle fit non de la tête et reposa son verre dans une cavité du plateau rabattable fixé au dossier du siège lui faisant face :

— Nous serons dans un quart d'heure au Centre Spatial guyanais de Kourou, docteur Brewster.

— Cela, nous nous en doutions, mais ma question concernait plutôt le but final de notre expédition cosmique.

— Le responsable de cette expédition vous renseignera tout à l'heure mieux que je ne pourrais le faire, biaisa-t-elle sans se compromettre.

— Je me suis laissé dire, hasarda Gavin Rice, que Ganymède pourrait être l'un des objectifs du voyage. Probablement en raison de l'intérêt que présente ce satellite jovien doté d'une atmosphère.

— Peut-on raisonnablement penser que votre vaisseau soit à même de rallier Pluton ? risqua à son tour l'exobotaniste soviétique.

Désignant l'insigne doré qu'elle et ses compagnons portaient sur la poitrine — une flèche surmontée d'un X — la psychologue rappela négligemment :

— Le symbolisme de cet insigne est simple à analyser : la flèche figure le cosmonef et l'X... sa destination. Désolée de ne pouvoir être plus explicite...

— Attachez vos ceintures ! ordonna le haut-parleur. Nous piquons dans une minute.

Ils obéirent et l'ionojet amorça une longue descente de plusieurs centaines de kilomètres en suivant une trajectoire inclinée à 45 degrés. Le mauve sombre de l'ionosphère s'éclaircit graduellement. Au contact des zones plus denses de l'atmosphère, les réacteurs se mirent à gronder, puis à rugir d'une manière assourdissante lorsque l'appareil reprit une vélocité subsonique. Bientôt, l'engin à aile delta survola l'immense étendue de l'Atlantique. Au loin l'on distinguait la côte jaune vert du nord de l'Amérique latine et des Guyanes avec, plus au sud-est, les côtes brésiliennes et l'île de Marajo, à l'embouchure limoneuse de l'Amazone.

Par les hublots de quartz, les passagers aperçurent les gigantesques installations du Centre Spatial le long de la bande côtière s'étendant sur plus de cinquante kilomètres entre le port de Kourou et celui de Sinnamary. Ses impressionnantes constructions, ses hangars cyclopéens, les antennes rotatives de ses radars géants et sa tour de contrôle — colonne blanche coiffée d'un dôme en champignon — se détachaient sur fond de jungle. Des cinéthéodolithes à infrarouge s'alignaient en retrait des aériens des radars.

Divers pas de tir au centre d'un grand cercle bétonné dessinaient une immense rosace sillonnée de rails qu'empruntaient les crawlers, ces tracteurs géants destinés à véhiculer les fusées vers leurs tours de lancement.

Plus à l'ouest, sur une piste spéciale de dimension impressionnante, se dressait une tour de lancement démesurée enserrant dans ses « mâchoires » verticales un vaisseau étincelant dont la masse dépassait deux cent cinquante mètres de hauteur !

Sur la piste où l'ionojet venait de se poser roulait maintenant une voiture à turbine qui s'arrêta sous l'aile à géométrie variable cependant que les passagers empruntaient la coupée et descendaient vers le sol.

— Voici le commandant Roland Dutertre, notre chef d'expédition, annonça Sylviane Beauchamp tandis que le pilote du *Projet X* venait accueillir les délégués scientifiques internationaux.

Le jeune officier — moins de la quarantaine — casquette à visière souple, short et chemise Lacoste orné de multiples décorations, dont l'Etoile d'Or des Pionniers de l'Astronavigation, salua ses futurs compagnons de voyage et leur serra cordialement la main.

— Nous avions prévu une réception avec vin d'honneur et, comme il se doit, un petit discours de bienvenue. Je m'exprime au passé car le programme est supprimé ! Nous avons dû annuler cette cérémonie en raison d'une aggravation des conditions météo sur l'Atlantique. Il ne s'agit pas d'un ouragan, mais de sérieuses perturbations. Nous avons donc le choix entre le décollage quasi immédiat ou le renvoi de notre départ à une date indéterminée. J'ai préféré choisir la première solution et le *counting down* est commencé depuis quatre heures ; la check-list approche de sa fin et nous décollerons vers midi, dans une heure.

« Les autres membres de l'expédition sont déjà à leur poste à bord du *Fulgurant* où chacun de vous trouvera tout ce dont il a besoin.

« Pas de question ? Bon, conclut-il sans attendre, sur un ton familier mais autoritaire.

Ils s'installèrent dans le véhicule à turbine tandis que l'officier prenait place au volant et abaissait le contacteur de l'émetteur-récepteur.

— Karl ?... Ici, Dutertre. Les délégués scientifiques internationaux viennent d'arriver. Nous gagnons le *Fulgurant*. Feu vert pour la manœuvre de dégagement Tour Un.

Dans le petit haut-parleur, la voix de Karl Steinhoff — un jeune ingénieur allemand, commandant en second du vaisseau — nasilla dans un français teinté d'accent germanique :

— Tour Un, paré pour la manœuvre, commandant.

A un kilomètre vers le sud-ouest, les « mâchoires » géantes du gigantesque portique enserrant le cosmonef s'écartèrent. La Tour ombilicale déconnecta de la fusée les divers manchons qui jusque-là la reliaient à l'engin pointé vers le ciel et glissa vers la gauche sur ses rails, le laissant pour l'heure encore fixé à la tour mobile de service.

Les rayons du soleil faisaient miroiter l'énorme cône du *Fulgurant* pointé vers le ciel. A son sommet, prolongé d'un mât de radar, un dôme hémisphérique transparent recouvrait le poste de pilotage. Même à cette distance, le dôme paraissait être de grande dimension, ce qui étonna passablement le géophysicien Gavin Rice.

— Pendant la traversée de l'atmosphère, le cockpit en plexiglass est évidemment recouvert par un carénage escamotable, sans doute ?

— Pas du tout, il s'agit d'un cockpit en néo-pyrocéram à haute résistance thermique et non point en plexi. Dérivé du pyrocéram anglais, celui-ci, mis au point par des physiciens allemands, est à la fois transparent et beaucoup moins sensible aux très hautes températures. Sa thermo-résistance dépasse 3 500° C. Néanmoins, pour parer à toute éventualité, un dispositif automatique peut, à l'approche de cette température, actionner la mise en place d'un dôme en super-métal qui coiffe instantanément l'habitacle auquel il assure alors une parfaite protection.

Un groupe de techniciens en short, torse nu ou en tricot de peau, coiffés d'une casquette à longue visière, s'affairaient autour de la cabine de l'élévateur, à la base de la tour mobile de service. A proximité attendait un groupe d'officiers et un homme en combinaison de vol.

Le commandant Dutertre sauta de son véhicule à turbine et présenta les délégués scientifiques au général Normand, Chef du Centre Spatial de Kourou et à l'homme en combinaison.

— Voici le professeur Gustave Rocca auquel nous devons de pouvoir entreprendre aujourd'hui le plus extraordinaire voyage cosmique jamais tenté par les humains.

L'inventeur du propulseur ionique (incomparablement supérieur aux procédés de fusion à l'étude depuis des décennies dans les laboratoires mondiaux) s'épongea le front et, faisant montre d'une louable modestie, il confia à ceux qui venaient d'arriver :

— Par pitié, n'écoutez pas Dutertre et grimpons à bord ! Encore une minute sous ce soleil de plomb et je serai cuit à point !

L'éminent physicien, le chef d'expédition et les délégués internationaux prenaient congé du général Normand et de ses techniciens civils ou militaires lorsqu'une voix tonitrua dans les haut-parleurs :

— H moins 39 minutes... Evacuez le pas de tir... Evacuez le pas de tir...

L'on était loin déjà des toutes premières expériences de lancement qui exigeaient la présence à bord des cosmonautes bien des heures avant le top départ ! Le haut degré d'automatisation, la prise en charge des manœuvres régies par la check-list intégrée aux ordinateurs réduisaient au minimum l'intervention de l'équipage avant le départ.

Roland Dutertre et ses compagnons pénétrèrent dans les deux grandes cabines des élévateurs, au pied de la tour mobile de service et, les portes grillagées verrouillées, les cabines s'élevèrent, leur faisant peu à peu découvrir, au-delà des installations et des pistes, la jungle et, sur la gauche, le fleuve Sinnamary. Vers leur droîte, à travers les croisillons métalliques de la tour qui emprisonnait encore le vaisseau, ils pouvaient contempler les vagues moutonneuses de l'Atlantique et, plus au sud-est, des îles éparses, certaines de sinistre mémoire comme celles du Salut et du Diable, au temps lointain où la Guyane était une terre de relégation pour les bagnards.

Les élévateurs stoppèrent au niveau de l'écoutille d'accès et les passagers pénétrèrent enfin à bord du *Fulgurant*. Sylviane Beauchamp franchit la dernière l'écoutille qui se referma lentement dans son dos avec un bruit de succion. Avant de s'éclipser en empruntant un étroit escalier de métal, le commandant Dutertre lança à la jeune psychologue :

— Sylviane, conduisez nos amis aux magasins.

Les délégués scientifiques internationaux la suivirent dans une coursive dont le plafond électroluminescent dispensait une douce clarté. Un léger grésillement précéda la voix nasillarde d'un haut-parleur invisible :

— H moins 23 minutes. Manœuvre de dégagement de la tour de service.

Le petit cortège conduit par la psychologue obliqua sur la gauche, à une bifurcation de la coursive en pente. A l'entrée de chaque embranchement, des panneaux indiquaient : *magasins, machinerie, soute B.*

A la seconde intersection précédant l'entrée du magasin d'équipement, ils rencontrèrent un Africain vêtu d'une combinaison pressurisée analogue à celle du professeur Rocca. De haute taille, large d'épaules, cet homme, dont la peau noire offrait la matité typique des Ouolofs, avait un visage énergique et un large sourire plein de chaleur. Sur sa joue droite ballottait l'inhalateur fixé au rabat de son casque.

Sylviane répondit à son sourire amical et fit de nouveau les présentations :

— Pierre Kaddoura, notre ingénieur radio.

Après un rapide échange de poignées de mains, le radio regagna en hâte le pont supérieur cependant que la psychologue introduisait ses compagnons dans le magasin d'équipement. Cette pièce aux murs tapissés de placards et d'armoires de métal numérotés, comptait pour tout ameublement une longue table sur laquelle s'alignaient de gros sacs en matière plastique portant chacun le nom de l'un des membres de l'expédition.

— Voici vos combinaisons de vol. Nous avons une quinzaine de minutes pour...

Une nouvelle annonce, faite par haut-parleur, lui coupa la parole :

— H moins 37 minutes...

— Léger retard dû à une révision de la dernière heure ; ça arrive souvent... Nous avons donc un peu plus de temps pour revêtir ces combinaisons et gagner nos places, ajouta-t-elle en cherchant parmi les sacs celui dont l'étiquette mentionnait son nom.

Elle retira le vêtement protecteur en nyloblindex brun clair, le secoua pour en dérouler complètement les membres « boudinés » et commença à glisser ses jambes recouvertes par le collant bleu ciel dans celles de la combinaison. Contrairement aux « scaphandres d'altitude » ou vidoscaphes de bord des temps héroïques, ce type de combinaison — nettement plus légère — ne se fermait plus dans le dos mais sur le côté, ce qui permettait à l'utilisateur de l'endosser et de la refermer sans recourir à une aide quelconque.

— Allons-nous devoir conserver cette... carapace tout au long du voyage ? s'inquiéta l'exobotaniste russe en levant le menton pour agrafer la collerette d'étanchéité de son casque.

— Sûrement pas, la rassura Sylviane. Doté de quantité de perfectionnements, le *Fulgurant* ne saurait exiger de ses passagers le port permanent de ces combinaisons. Non, il s'agit là d'un simple exercice ; ces vêtements protecteurs pourront être abandonnés lorsque notre bâtiment aura atteint sa vitesse de croisière.

— C'est-à-dire ? s'enquit le géophysicien américain.

— Plus vite que ça, monsieur Rice, rit-elle en éludant la question.

L'Américain haussa les épaules et fit quelques exercices d'assouplissement avec ses bras et deux ou trois flexions qui lui permirent d'apprécier à la fois la souplesse et le port confortable de la combinaison, du moins à son état non pressurisé.

Dans le haut-parleur, une nouvelle voix annonça :

— Attention, attention. H moins quatorze minutes. Regagnez vos postes. Attention, attention, H moins quatorze minutes. Regagnez vos postes. Contrôle dans cinq minutes.

A ces paroles prononcées par le radio Pierre Kaddoura, tous se hâtèrent à la suite de la psychologue à travers les longs couloirs et coursives du cosmonef pour aboutir, enfin, à une salle peu large mais très longue sur les murs de laquelle s'étageaient des couchettes gigognes orientables. La plupart des nombreuses couchettes étaient déjà occupées par des hommes en combinaison de vol. Ils remarquèrent toutefois que plusieurs jeunes femmes faisaient également partie de l'expédition, outre la psychologue, la botaniste russe et la physiologiste italienne.

Les passagers tournèrent la tête vers les nouveaux venus et leur adressèrent un amical sourire. Le groupe s'engagea entre les deux rangées de couchettes superposées et Sylviane Beauchamp désigna à chacun la place qui lui revenait.

— H moins huit minutes. Bouclez vos ceintures, ordonna le haut-parleur.

La porte de la cabine commune s'ouvrit, livrant passage à un homme d'une trentaine d'années qui lança, jovial :

— Salut à tous. Excusez mon retard, je prenais un dernier Pernod au bistrot du coin !

Il s'arrêta aux côtés de Sylviane qui, du fond de la cabine, dénombrait les couchettes inoccupées et mima son air absorbé en comptant sur ses doigts. Ce manège fit naître des sourires que la psychologue partagea de bon cœur.

— Claude Rousseau, l'interpella-t-elle, regagnez votre couchette. Je me débrouille habituellement fort bien pour compter jusqu'à vingt !

— Si au-delà vous avez des difficultés, faites-moi signe, conseilla-t-il, railleur, avant de grimper à sa couchette.

Il posa son pied sur le bord de la couchette inférieure occupée par l'exobiologiste russe, remarqua alors ce minois inconnu et remit pied à terre en inclinant comiquement la tête :

— Claude Rousseau, topographe, pour vous servir.

— Lydia Markridinova, botaniste, répondit-elle, amusée.

— Belle plante ! apprécia-t-il en s'installant sur le matelas de caoutchouc mousse au niveau suivant.

— H moins quatre minutes.

Une seule couchette restait inoccupée au-dessus de celle où s'était allongé l'ingénieur topographe dont l'humeur bouffonne promettait un agréable dérivatif aux membres de l'expédition. Ceux-ci ne pouvaient se douter qu'il devait justement à son caractère jovial et à son esprit d'avoir été désigné pour prendre part à cette singulière mission d'exploration cosmique. En effet, eu égard à la durée de cette expédition et à l'inévitable tension nerveuse que connaîtraient tôt ou tard ses participants, il s'avérait indispensable de compter parmi eux un homme qui pût être à la fois technicien et humoriste.

Ses facéties et ses boutades contribueraient grandement à entretenir un moral excellent parmi ses compagnons.

Sylviane Beauchamp, psychologue désignée pour prendre part au *Projet X*, avait fini par obtenir des organisateurs l'assurance qu'un technicien doué du sens de l'humour ferait obligatoirement parti de l'équipe scientifique. Maintes expériences prouvaient surabondamment que la monotonie des voyages spatiaux, alliée à l'humeur parfois maussade de leurs participants trop longtemps confinés, concourait fréquemment à faire naître des conflits, voire des névroses. Le choix d'un homme spirituel, apte à dérider ses compagnons de vol, paraissait donc être un facteur non négligeable de succès dans ce genre d'entreprise.

Seuls Sylviane Beauchamp, le professeur Rocca et le commandant Dutertre, à bord du *Fulgurant*, connaissaient les raisons véritables du choix de Claude Rousseau pour occuper le poste d'ingénieur topographe.

— H moins deux minutes... Attention, attention, H moins deux minutes...

L'écoutille s'ouvrit de nouveau et une ravissante Antillaise — la zoologue Nicole Belmont, du département de la faune extraterrestre au zoo de Fort-de-France — entra précipitamment, un sourire confus aux lèvres.

Elle acheva prestement de boucler sous son menton la collerette étanche de sa combinaison de vol, rabattit sur son joli visage au teint café au lait le globe de son casque et courut jusqu'à sa couchette. Claude Rousseau lui tendit la main, l'aida à grimper au moment où le haut-parleur égrenait à rebours les secondes.

— 20, 19, 18, 17...

Dans l'axe du couloir de séparation des couchettes, à son extrémité supérieure, un écran télévisionneur s'alluma, montrant l'aire d'envol et la masse imposante du vaisseau duquel s'étaient éloignées, sur leurs rails, la tour ombilicale et la tour mobile de service.

— 11, 10, 9, 8...

Sur l'épais matelas de caoutchouc mousse de leurs couchettes, les passagers écoutaient avec une anxiété croissante le décompte régulier des secondes diffusé par le haut-parleur.

— 4, 3, 2, 1, zéro...

Tout d'abord, il ne se passa rien, puis un grondement infernal éclata, loin, vers le sol ; un grondement assourdissant en dépit du blindage des parois et des multiples ponts qui séparaient les passagers des réacteurs. Une lente vibration se communiqua à l'ensemble du vaisseau qui, bientôt, prit son essor, poussé par le quintuple jet de gaz incandescent qui maintenant vitrifiait la piste d'envol.

Dans le ciel où l'astronef n'était plus qu'un point brillant au-dessus de l'Atlantique éclata une assourdissante détonation. Ayant consumé leurs combustibles, les fusées auxiliaires venaient de se détacher simultanément de l'appareil tandis que le réacteur ionique entrait en action. La réaction de fusion permanente engendra un insoutenable soleil de feu à l'arrière du vaisseau, lui imprimant un surcroît d'accélération lorsqu'il s'élança vers la stratosphère, puis l'ionosphère.

Livides, les muscles faciaux douloureusement tiraillés, la poitrine, l'abdomen écrasés par l'accélération, les passagers respiraient avec peine. Leur corps, leurs membres paraissaient être de plomb ; l'épais matelas en mousse alvéolaire de leur couchette, comprimé et tassé, leur donnait l'impression d'être couchés sur du béton !

Sur l'écran, on apercevait les côtes orientales de l'Afrique qui paraissait « tomber », s'éloigner rapidement et presque sans transition, ce fut la nuit sur cet hémisphère.

La planète Terre et son auréole atmosphérique diffuse rapetissaient au milieu de l'écran, telle une balle de tennis, puis de ping-pong pour n'être plus, enfin, qu'un point lumineux parmi les myriades d'étoiles réparties dans l'abîme sombre de l'espace.

Soumis à une accélération de trois g, les cosmonautes haletaient ; leur cœur bondissait à un rythme saccadé ; leur vue se brouillait. Sylviane Beauchamp serrait les dents, luttait de toutes ses forces déclinantes pour conserver sa lucidité. Elle ne l'ignorait pas, le supplice, pendant de longues secondes encore, irait croissant et l'accélération atteindrait cinq g.

Un message, préalablement enregistré, fut diffusé par les haut-parleurs :

— Le *Fulgurant* vient de se libérer de l'attraction terrestre ; sa vitesse actuelle est de soixante-cinq mille km/h. Son dispositif de compensation gravifique amorce très graduellement son entrée en action. Ce n'est que pendant cinq secondes, avant le rétablissement d'une pesanteur normale, que nous allons être soumis à une accélération de 3 à 5 g.

« Dans moins de deux minutes, le dispositif compensateur de gravité aura atteint sa pleine efficacité ; une pesanteur normale régnera à bord et ce malgré une accélération qui, elle, ira toujours croissant pour gagner une intensité effective de 100 g. Décontractez-vous, relâchez vos muscles, les cinq secondes les plus désagréables vont commencer...

Claude Rousseau, au bord de la nausée, haleta :

— Relaxez-vous, les... amis ! Faites comme ce gars qui... a enregistré ce... message, le cul tranquillement... posé sur un... fauteuil !...

CHAPITRE III

Le commandant Dutertre, l'ingénieur Karl Steinhoff, commandant en second, le radio Pierre Kaddoura et le physicien Gustave Rocca luttaient eux aussi avec la dernière énergie pour ne pas perdre connaissance. Allongés côte à côte sur les sièges orientables, ils fixaient dans le miroir de chrome qui réfléchissait l'image du tableau de bord, le clignotant vert indiquant la marche normale de l'ordinateur dirigeant automatiquement l'astronef sur sa trajectoire pré-établie.

L'accélération « transitoire » croissant régulièrement de 1 g par seconde ne durerait que 5 secondes avant d'être ramenée au niveau 1 au sein de l'astronef. Toutefois, ces 5 dernières secondes soumettaient les passagers à une épouvantable torture. Leurs yeux s'enfonçaient dans leurs orbites ; un poids intolérable comprimait leur poitrine, et leurs côtes paraissaient sur le point de faire éclater leurs poumons.

A bout de souffle, il leur semblait que ce supplice avait duré des heures. Le clignotement intermittent du voyant de contrôle prit à leurs yeux un éclat obsédant qui envahissait la cabine, estompait les contours des appareils et effaçait même leur propre image dans le miroir chromé.

Ce miroir s'abaissa, « tombant » lentement vers le tableau de bord. Une écœurante nausée tordit leurs entrailles et, peu à peu, les sièges s'inclinèrent, suivant en cela le mouvement du miroir escamotable. Le retour graduel à une pesanteur normale les laissa dans un état de prostration et d'hébétude profond. Leurs couchettes s'incurvèrent et reprirent alors la forme classique des sièges de pilotage. Sanglés sur leur matelas de caoutchouc mousse, les corps des astro-navigateurs se plièrent doucement pour occuper une position assise, face au tableau de bord en demi-lune épousant la courbure du dôme hémisphérique coiffant le spacieux habitacle.

Celui-ci, en forme de U, mesurait sept mètres de diamètre et le tableau de bord divisé en quatre éléments, inclinés comme des pupitres, formait un arc de cercle d'environ quatre mètres à sa partie périphérique. Une série de petits écrans téléviseurs s'étalaient le long du tableau de bord et un écran de plus grande dimension en occupait le milieu.

D'innombrables manettes, poussoirs, contacteurs et disjoncteurs voisinaient avec des cadrans gradués sur lesquels se déplaçaient des aiguilles tremblotantes où s'inscrivaient les chiffres à cristaux liquides. Chaque commande portait sur une plaque d'aluminium des numéros, des sigles ou des symboles abstraits pour tout autre que les pilotes et le physicien « père » du *Fulgurant*.

De temps à autre, un léger cliquetis métallique dominait le sourd ronronnement saccadé qui régnait dans l'habitacle. Un groupe de cadrans s'éclairait ; des chiffres passaient rapidement sur les voyants lumineux, puis le complexe du tableau de bord reprenait son immobilité.

Soumis aux impulsions directionnelles des ordinateurs et autres compteurs électroniques, le cosmonef poursuivait sa course dans l'espace, gouffre noir ponctué d'astres dont l'éclat fixe composait une étrange toile de fond au-delà du dôme transparent.

Le rétablissement de la pesanteur normale tira graduellement les passagers de leur évanouissement ou de leur demi-inconscience.

Le commandant Dutertre dégrafa la jugulaire étanche de son casque et rabattit la visière hémisphérique sur sa nuque. Il se massa les paupières, interrompit le débit d'oxygène de son inhalateur et poussa un long soupir.

— Tout va bien, professeur ?

— Maintenant, oui ! exhala péniblement le physicien Gustave Rocca. L'équipe de recherche que nous avons laissée à terre en plein travail pourra, je l'espère, nous annoncer à notre retour l'amélioration du dispositif anti-g... Il serait éminemment souhaitable qu'une pesanteur artificielle puisse être entretenue à bord dès les premières secondes du décollage.

— N'en demandons pas autant, professeur, intervint l'ingénieur allemand Karl Steinhoff. C'est déjà très beau que nous puissions jouir d'une gravité artificielle identique à la pesanteur terrestre si peu de temps après le départ.

Le commandant Dutertre enfonça l'une des nombreuses touches d'un clavier sélecteur et le petit écran correspondant s'éclaira sur le tableau de bord, montrant une large salle du pont C, où une trentaine d'hommes en combinaison de vol commençaient à quitter leur siège-couchette. Un autre écran révéla une nouvelle salle, sur ce même pont inférieur, occupée par une quinzaine de jeunes femmes. Ces hommes et ces femmes appartenaient à un corps militaire d'élite : les Techniciens Auxiliaires de l'Espace, plus communément baptisés *TAE*. Leur entraînement ou spécialisation les rendait parfaitement aptes à remplir n'importe quelle tâche dévolue aux techniciens des missions d'explorateurs cosmiques. Mais ici, pas plus que les Délégués Scientifique Internationaux, les TAE ne connaissaient la destination ni les buts véritables de cette expédition.

Le chef pilote mit le contact à l'émetteur et appela :

— Capitaine Van Hagen, lieutenant Vogel.

Dans leur salle respective, l'officier belge commandant les techniciens auxiliaires et le lieutenant Simone Vogel, jeune Sarroise responsable de la section féminine, se présentèrent devant l'objectif de leur propre écran télévisionneur.

— Vos sections peuvent ôter leur combinaison de vol. Liberté de manœuvre sur l'ensemble du pont C. Rassemblement à dix-huit heures, heure de bord, à la *Relax Room* du pont A. Terminé.

*
* *

Dans la salle qu'au départ les Délégués Scientifiques Internationaux partageaient avec divers techniciens et spécialistes civils des deux sexes, le grand écran télévisionneur mural s'éclaira.

Le commandant Dutertre apparut, souriant à ses hôtes de marque. Son regard parcourut les quelque vingt passagers, tous sur pieds à l'exclusion de Claude Rousseau. Assis aur le bord de sa couchette, le topographe, avec une mine affairée, se palpait les membres, la poitrine et le visage.

— Que faites-vous donc, Rousseau ?

Entendant la voix du commandant de bord dans le haut-parleur, l'ingénieur topographe leva les yeux vers l'écran et répliqua, mi-figue mi-raisin :

— Je fais l'inventaire, commandant. Le compte y est. Après ce démarrage sur les chapeaux de réacteurs, ça m'étonne, je ne vous le cache pas !

Il descendit de son perchoir et se mêla à ses compagnons déridés par sa verve.

— Vous pouvez ôter vos combinaisons de vol, répéta le chef pilote à leur intention. Le professeur Rocca va se joindre à vous dans quelques minutes pour vous faire visiter les ponts A et B ainsi que la « salle de chauffe ». Nous aurons à dix-huit heures, heure de bord, une réunion générale à la *Relax Room,* c'est-à-dire à la salle commune du pont A. Vous pourrez alors faire connaissance avec les membres des Sections Techniques Auxiliaires cantonnés au pont C. Terminé.

L'écran s'éteignit et la jeune Martiniquaise — la zoologue Nicole Belmont — s'étonna :

— Des TAE font partie de l'expédition ? Etiez-vous au courant, docteur Beauchamp ?

— Oui, trente hommes et quinze jeunes filles composent ces...

— Trente hommes et quinze jeunes filles ? s'exclama Rousseau. Cette répartition n'est guère équitable...

La psychologue lui fit une moue de reproche et enchaîna :

— Ils ont été placés à bord une demi-heure avant notre arrivée. Leur présence ici entre dans le cadre de l'expédition dont le programme nous sera communiqué non point à la réunion annoncée, mais seulement vers dix heures ce soir.

Elle n'en dit pas davantage et, obéissant à la consigne du commandant, elle débloqua la fermeture latérale de sa combinaison de vol. Les autres l'imitèrent avec empressement, heureux de pouvoir se débarrasser de ce vêtement assez peu confortable.

Uniformément revêtus de collants bleu ciel — dont le tissu plastifié offrait l'incontestable avantage d'être pratiquement insalissable — les Délégués Scientifiques Internationaux et leurs collègues avaient l'impression d'être enrôlés dans une section de l'armée spatiale. En fait, il s'agissait bien un peu de cela puisque les organisateurs du *Projet X* et le commandement à bord relevaient de l'autorité militaire.

Sylviane Beauchamp fit jouer une plaque de métal qui glissa dans le mur et démasqua une sorte de placard renfermant une petite boîte en matière plastique.

— Considérant le nombre relativement élevé des passagers du *Fulgurant*, et pour faciliter les rapports entre eux, il a été convenu que chacun porterait une plaquette pectorale mentionnant ses nom et spécialité, expliqua-t-elle avant de procéder à l'appel de ses compagnons dont elle lisait le nom sur les plaquettes puisées au hasard dans la boîte.

— Lydia Markridinova, botaniste ; Gavin Rice, géophysicien ; John Brewster, biologiste ; Sylviane Beauchamp. Voici la mienne, sourit-elle en agrafant la plaquette sur sa poitrine admirablement moulée par le bustier de son justaucorps.

« Vera Perego, physiologiste, poursuivit-elle, Nicole Belmont, zoologue...

Le physicien Gustave Rocca, dont le collant bleu ciel révélait la solide musculature, entra dans la salle alors que la psychologue achevait la distribution. Il arborait lui aussi une plaquette pectorale en matière plastique dorée gravée à son nom.

— La formule « Mesdemoiselles et Messieurs » me paraît entre nous quelque peu grandiloquente, commença-t-il avec simplicité.

Accordez-moi la liberté de m'adresser à vous d'une façon moins doctorale. Chers amis, donc, avant que le moment ne vienne de vous révéler nos buts et nos intentions, il est nécessaire de vous présenter en détails cet appareil qui nous emporte vers une destination momentanément inconnue de vous.

« Nous allons pour commencer visiter ce pont, le pont B.

Il s'approcha du tableau mural et enfonça l'une des touches du clavier sélecteur. L'écran du téléviseur révéla aussitôt le poste de pilotage coiffé du dôme en néopyrocéram transparent. Devant le pupitre en demi-lune opéraient, vus de dos sur l'écran, le commandant Dutertre, son second, Karl Steinhoff, et Pierre Kaddoura, penché sur son émetteur-récepteur. Leurs silhouettes, faiblement éclairées, se découpaient sur le fond sombre de l'espace, au-delà du cockpit.

— L'exiguïté relative du poste de commande ne nous permet évidemment pas de le visiter tous à la fois. Cette image télévisionnée nous donnera toutefois une idée précise de l'habitacle, auquel vous pourrez d'ailleurs accéder par groupes de deux ou trois au cours du voyage.

Le professeur Gustave Rocca ayant conjointement branché le son, sa voix fut entendue par ceux dont on voyait l'image sur l'écran. Le commandant brancha à son tour le visiophone et, sans se retourner, il parla dans le micro monté sur rotule placé devant lui :

— Kaddoura vient d'établir la liaison avec Kourou. Ça vasouille un peu, mais nous parvenons à nous comprendre. Le radio-télescope de Jodrell Bank, en Angleterre, a été avisé de notre départ et, d'ores et déjà, il suit attentivement notre ligne de vol. L'observatoire du Pic du Midi nous a également repérés. Il en va de même pour nos amis italiens qui suivent le *Fulgurant* grâce à leur station de radar de Pratica di Mare. La rotation terrestre va toutefois mettre ces divers postes de repérage dans l'impossibilité de garder le contact avec nous.

— Le relais de détection sera ultérieurement assuré par les satellites artificiels jusqu'à demain matin neuf heures, heure de bord.

Le géophysicien américain s'étonna :

— Pourquoi, jusqu'à demain neuf heures ? Doit-on comprendre qu'après neuf heures le contact radio ou simplement par radar ne sera plus possible ?

— La réunion générale que nous tiendrons après le repas, ce soir à vingt-deux heures, aura pour but de vous renseigner pleinement sur l'ensemble des questions que soulève pour vous tous cette expédition peu orthodoxe, répondit évasivement le commandant avant d'interrompre la liaison.

Le professeur Rocca les entraîna vers l'écoutille, en déclarant sur un ton d'excuse :

— La visite du *Fulgurant* amènera chez vous bien d'autres questions auxquelles nous nous sommes interdit de répondre avant l'assemblée générale. Mais que cette restriction ne vous empêche point de me questionner au gré de notre visite. Je serai heureux de vous répondre... dans la mesure où cela me sera possible.

Ils s'engagèrent dans la coursive centrale du pont B où, sur la droite, s'alignaient six portes de métal arrondies aux angles. Le physicien ouvrit la première porte, celle d'une cabine assez étroite, pourvue de deux couchettes superposées faisant face à deux armoires métalliques. Une table en matière plastique repliée sur le mur et un lavabo-douche complétaient l'ameublement et l'agencement réduit de cette pièce.

— Voici l'une des cabines qui vous sont réservées, indiqua-t-il à l'intention des membres féminins de l'expédition. Nous devrons, quant à nous, nous contenter de la cabine commune où nous avons pris place avant le départ.

— Un peu comme à la caserne, ironisa Claude Rousseau.

— Un jour viendra où des astronefs... « civils » pourront offrir aux passagers un confort supérieur à celui que nous trouvons à bord du *Fulgurant*. N'oubliez pas que cet appareil est en fait un engin militaire d'exploration auquel nous ne pouvons demander le luxe et le confort d'un astronef de tourisme, qui somme toute n'existe point encore !

Il ouvrit une écoutille, en face de la cabine, et s'engagea dans un étroit couloir dont la paroi gauche était en plexiglass verdâtre.

Derrière la cloison transparente, un perpétuel clignotement lumineux plongeait alternativement la longue pièce dans un éclairage vif et dans l'obscurité absolue. Cette pièce était entièrement occupée par d'innombrables étagères juxtaposées dans des cadres de métal. Chaque étagère supportait une infinité de tubes souples en polyéthylène transparents dans lesquels, à la faveur de l'éclairage intermittent, l'on voyait circuler une étrange bouillie verte, liquide glauque en perpétuel mouvement. Outre la vive lumière dispersée par le plafond et les murs électro-luminescents, les multiples montants des étagères portaient des rampes lumineuses également clignotantes.

Particulièrement intéressée, la botaniste soviétique s'exclama sans dissimuler son admiration :

— Merveilleux ! Une usine THALLOPHYTAIRE !

— Effectivement, confirma le physicien, c'est dans cette « usine » que s'élabore à partir d'une algue microscopique — la chlorella, appartenant à l'échelon des thallophytes — l'oxygène que nous respirons. Dans ces milliers de tubes en polyéthylène circule en permanence un liquide nutritif où baignent des chlorella, une algue monocellulaire que l'on trouve en abondance dans la flore planctonique des mers ou des eaux douces.

« Les éléments et la température du liquide nutritif sont réglés aux conditions de rendement optima. Les chlorella passent donc sans arrêt dans la pleine lumière grâce à cet éclairage intermittent, car le phénomène de photosynthèse s'opère beaucoup mieux lorsqu'elles sont soumises à des variations d'intensité lumineuse. Outre leur alimentation par bains nutritifs, ces algues absorbent l'oxyde de carbone que nous exhalons et libèrent à leur tour l'oxygène que nous respirons.

« En substance, la chlorella emmagasine toute la nourriture qu'elle produit à partir du gaz carbonique dissous dans l'eau et sa prolifération est telle que la kariokynèse — ou sa séparation cellulaire en deux — s'opère toutes les trois heures environ. C'est ainsi que le poids de ces algues se multiplie par huit en vingt-quatre heures (1) !

— C'est du gaspillage !

— Pas du tout, monsieur Rousseau, rétorqua le professeur Rocca. Convenablement traitée, la chlorella constitue une excellente nourriture et les potages, les steaks, les sauces, voire le thé, les gâteaux et les glaces que nous mangerons à bord ne seront pas autre chose que de la chlorella apprêtée aux goûts — très ressemblants — de ces divers aliments. Les expériences conduites dans ce sens par le savant japonais Hiroshi Tamiya, prouvent que la chlorella se prête à toutes les combinaisons culinaires possibles (1).

« Depuis, d'ailleurs, comme vous le savez, cette algue est la nourriture essentielle des bases extra-terrestres et des sous-marins atomiques.

— Certes, je savais cela, mais je n'imaginais pas que pendant des mois je devrais à mon tour me contenter de ce menu, fit-il, déçu.

— Les propriétés nutritives de la chlorella

(1) Authentique.

sont extraordinaires, abonda Lydia Markridinova. Mes camarades et moi-même avons presque uniquement vécu sur des aliments à base de chlorella lors de notre séjour dans la colonie martienne. Cette variété de tallophyte, une fois séchée et prête à l'emploi, contient en moyenne 50 % de protéines, 35 % de sucre, 5 % de corps gras et seulement 10 % de déchets. La proportion des protéines peut atteindre 85 % si l'on augmente la teneur du bain nutritif en azote dissous. En la réduisant, c'est au contraire la teneur en sucre qui croît jusqu'à 75 % et plus.

— En outre, intervint John Brewster, le biologiste anglais, la chlorella contient également de nombreuses vitamines et certains antibiotiques.

— Dans leur simplicité monocellulaire, ces algues bourrées de chlorophylle effectuent la même synthèse carbonnée que les plantes « évoluées » les plus complexes et, grâce à leur prodigieuse possibilité de production nourricière, elles nous permettent de vivre et de respirer ! Ainsi, cette algue microscopique assure et entretient à elle seule le cycle fermé en vase clos, nourrissant et faisant respirer l'équipage qui la nourrit et la fait à son tour respirer !

— Une excellente affaire, en somme, puisque nous ne lui offrons que de l'eau et de l'air... vicié ! conclut le topographe.

— Elle a également besoin de certains éléments nutritifs, mais ceux-ci lui sont fournis par leur installation automatique qui puise justement ces éléments chimiques dans les déchets de notre digestion (1).

— Les dé....

Claude Rousseau demeura coi d'étonnement, puis son visage se crispa avec dégoût :

— Qu'en termes élégants ces choses-là sont dites ! Il y a vraiment là de quoi vous couper l'appétit !

— Mais non, voyons, répliqua Lydia Markridinova. Réfléchissez plutôt à ce que sont, en fait, la plupart des engrais organiques — engrais flamands, engrais humains, fumiers — dont on se sert en agriculture. Là comme ici il ne s'agit rien moins que d'extraire de ces substances les éléments chimiques nécessaires à la nutrition des chlorella qui, en retour, nous fournissent l'oxygène et des aliments.

— Bon appétit tout de même et parlons d'autre chose, soupira-t-il en suivant le physicien.

Dans cette petite pièce contiguë, dont l'appareillage complexe comprenait des tubes, des serpentins et des caissons ventilés s'opérait la dessication des chlorella, réduites en poudre verte absolument dépouillée de toute impureté.

— Ici s'effectue la réduction en poudre de ces algues microscopiques débarrassées de leurs 10 % de déchets ; cette poudre va donc servir à la préparation de certains de nos aliments tandis que les déchets, avoir avoir subi un traitement approprié, serviront pour une part

(1) Authentique.

d'éléments nutritifs employés dans nos cultures hydroponiques. Car nous serons également pourvus en légumes frais grâce à des bacs spéciaux où, selon les méthodes classiques de la culture sans terre, poussent en abondance les légumes les plus variés.

— Et les déchets des déchets, qu'en ferons-nous ? Des hors-d'œuvre, peut-être ? hasarda Claude Rousseau, toujours pince-sans-rire.

— N'exagérons rien, sourit le professeur Rocca, ils seront tout simplement évacués avec la très faible quantité des eaux usées que nous ne pouvons pas utiliser. Car, bien entendu, ces eaux usées — à quelque usage qu'elles aient servi et d'où qu'elles viennent — sont récupérées, purifiées et resservent quasi infiniment à bord de l'astronef, notamment dans les bains nutritifs de l'usine à chlorella, dans les cultures hydroponiques surtout, enfin, dans le réacteur de fusion qui propulse le *Fulgurant* !

— Rien ne se perd, tout se recrée ou se transforme, cita Rousseau un peu à sa façon.

Ils franchirent une nouvelle écoutille, toujours sur le même pont B, et traversèrent une petite pièce contenant une multitude de cages métalliques abritant des lapins, des poules, des cobayes, des singes rhésus et des jeunes chiots qui menaient grand tapage.

— Pour améliorer l'ordinaire, sans doute ?

— Non, monsieur Rousseau. Ces animaux ont un tout autre rôle à jouer qui vous sera ultérieurement révélé. Ils se portent fort bien et c'est très rassurant pour nous...

— Il est indiscret, je le crains, de vous

demander pourquoi ? s'informa la zoologue Nicole Belmont.

— En effet, je ne répondrai pas à cette question. Patientez quelques heures encore.

Ils traversèrent la petite pièce abritant ces divers animaux et ressortirent à l'extrémité de la coursive centrale du pont B. Là, une écoutille les amena dans une cabine assez large et longue de dix mètres. Sur la cloison de métal se trouvait une sorte de rampe d'accoudoir au-dessus duquel s'alignaient une série de hublots ou fenêtres rectangulaires, vert clair, masquées par des plaques de plomb.

— Derrière ces hublots, protégés par des écrans de plomb, se trouve la « salle de chauffe ». C'est là un simple surnom, car il s'agit en fait de la salle où s'opèrent les réactions de fusion de notre réacteur ionique. Les températures qui règnent habituellement dans les chaudières des bateaux n'ont rien de comparables avec celles que développe ce réacteur thermo-nucléaire.

Il abaissa un levier mural et, avec un léger ronronnement suivi d'un claquement sourd, les écrans de plomb se soulevèrent, démasquant les hublots qui laissèrent pénétrer dans la cabine d'observation une pâle lueur mauve.

— Ces écrans de plomb ne sont là que pour parer à tout danger d'irradiation en cas d'avarie et pendant les réparations éventuelles. En période de fonctionnement normal la radioactivité, ici, est tout à fait négligeable.

Ces épais hublots surplombaient une immense pièce cylindro-conique de vingt mètres de diamètre à la verticale des hublots et de cinq mètres de diamètre à son autre extrémité. Cette salle singulière d'aspect ressemblait assez, de par certaines de ses machines, à une centrale électrique avec ses transformateurs géants, ses turbines, ses générateurs et ses innombrables tableaux muraux de contrôle. Au-devant de ceux-ci étaient braquées des télécaméras permettant au commandant de bord et à ses collaborateurs de suivre à chaque instant sans quitter leur poste le fonctionnement de cette extraordinaire installation éclatante de propreté. Le contrôle permanent s'effectuant par télévisionneur, nul homme n'était requis auprès de ces imposants appareils.

Les six transformateurs géants placés à angle droit étaient connectés à une énorme tubulure annelée tout au long de laquelle aboutissaient des tubes droits de divers diamètres, des câbles, d'autres tubes coudés ou serpentiformes hérissés de manomètres. La tubulure placée au sommet de l'angle formé par les six transformateurs jumelés offrait un diamètre de sept mètres et s'étirait — en se rétrécissant graduellement — jusqu'à l'extrémité caudale de l'astronef, c'est-à-dire sur une longueur de quarante-cinq mètres environ. D'énormes spires de câbles s'enroulaient autour de ce tube titanesque auréolé d'une pâle lueur violette. Dans la couronne d'air ainsi ionisé crépitaient parfois des aigrettes bleuâtres.

Le professeur Rocca fit remarquer :

— Certains vaisseaux « gigognes » à éléments détachables sont d'une taille supérieure à celle du *Fulgurant* qui mesure deux cent cinquante mètres. Toutefois notre appareil, lui, est un tout, une cellule unique sans éléments largables, puisque, aussi bien, il n'est pas mû par propergols liquides mais par l'énergie ionique dont vous voyez ici le réacteur de fusion. Il est donc bien le plus gros appareil cosmique réalisé par l'homme. L'Europe et la France peuvent très légitimement en être fiers.

Désignant à la verticale des hublots les six blocs disposés à angle droit, le physicien commenta :

— Ces six générateurs géants envoient en permanence des décharges électriques à très haute intensité dans cette tubulure annelée qui renferme une atmosphère de deutérium et de tritium — isotopes de l'hydrogène ou hydrogène lourd — gaz raréfiés au centième de la pression atmosphérique. Ces gaz sont injectés dans le long tube étanche par les conduites latérales. Les décharges électriques lancées dans ce deutérium et ce tritium, développent des températures de l'ordre de plusieurs centaines de millions de degrés centigrades. Or, c'est à partir de ces super-températures proprement fantastiques que s'opèrent au sein du deutérium et du tritium les réactions de fusion. Les atomes d'hydrogène lourd sont alors ionisés, dépouillés de leurs électrons et les noyaux et électrons libres soumis à une agitation prodigieuse vont pouvoir se heurter, se télescoper en permanence selon les principes de la réaction thermo-nucléaire ; ils fusionneront alors brutalement et les noyaux de deutérium entrant en contact avec les noyaux de tritium formeront des noyaux d'hélium en libérant des neutrons et une énergie fabuleuse (1).

« Les ions d'hydrogènes accélérés au cœur de la tubulure s'échapperont librement vers l'arrière, c'est-à-dire vers la gueule étranglée du réacteur ionique ouvert sur le vide, en entraînant un à un les noyaux d'hélium nés au cours de la fusion. Et ce sont ces particules élémentaires éjectées dans le vide qui propulsent actuellement le *Fulgurant* à des vitesses encore jamais réalisées dans aucun autre type d'astronef.

— Professeur, s'enquit de nouveau le géophysicien, vous avez tout à l'heure cité le chiffre effarant de plusieurs centaines de millions de degrés centigrades comme étant celui de la température atteinte au sein du réacteur. Aucun matériau connu — ni même concevable — ne devrait résister à une telle fournaise. Comment la tubulure — et avec elle l'astronef tout entier — ne s'est-elle pas volatilisée par cette température égale à celles qui règnent au cœur des étoiles les plus chaudes ?

— Grâce à un procédé très simple à énoncer mais fort complexe à réaliser, monsieur Rice. Précisons tout d'abord qu'à ces super-températures, les gaz de deutérium et de tritium, décomposés en noyaux et électrons libres, se présentent sous un aspect inconnu dans la nature que nous appelons *plasma*, une étrange matière ni solide, ni liquide, ni gazeuse. Les

(1) Authentique.

décharges électriques lancées à travers ce plasma scellé dans la tubulure engendrent un puissant champ magnétique oscillant qui va emprisonner littéralement le plasma en expansion et l'empêcher, au cours de la fusion, d'atteindre les parois du tube !

« Ce champ va donc *comprimer* fortement les gaz dans lesquels doit s'opérer la fusion nucléaire. Portés à une température élevée, ils essayeront de repousser, de « dilater » leur prison magnétique. Celle-ci, après une fugace dilatation, se contractera davantage, augmentant d'autant la température du plasma traversé par les décharges électriques. Et ainsi de suite, au rythme d'une oscillation perpétuelle des gaz ionisés et comprimés.

« Ce phénomène a reçu le nom de *Pinch Effect* ou « effet de pincement ». Naturellement, ces oscillations du plasma ne pourraient pas durer indéfiniment si elles s'exerçaient dans un tube hermétiquement clos. Mais ici, le tube ou réacteur de fusion est ouvert à l'arrière de l'astronef ; ainsi, les ions et autres particules élémentaires produits par la fusion suivent l'axe du tube — au cœur d'un véritable filament porté à plusieurs centaines de millions de degrés — et s'échappent à une vitesse inimaginable : celle-là même de notre astronef.

« Notez par ailleurs, autour de la tubulure, les spires du bobinage spécial qui crée lui aussi un champ magnétique coercitif complémentaire. Ce dernier ajoute à la protection du champ interne et complète aussi la protection générale du tube, lequel n'est jamais soumis aux super-températures entretenues à son axe par les réactions de fusion (1).

« Outre son rôle propulseur, ce dispositif, de par les réactions thermonucléaires qu'il met en jeu, développe une formidable quantité d'électricité absorbée par les besoins énergétiques du *Fulgurant*. Car toute l'électricité qu'utilisent les multiples appareils et installations de notre engin est fournie par le réacteur lui-même. Le seul apport électrique dont il ait besoin est celui qui, au départ, sert à engendrer les premières décharges électriques au sein du plasma. Une fois amorcée la réaction de fusion, c'est cette dernière qui engendre elle-même toute l'énergie dont elle aura besoin et nous assistons ici à un nouveau cycle forcé d'auto-alimentation !

— Comment éliminez-vous les centaines de milliers ou de millions de calories qui naissent obligatoirement par effet Joule à travers les dizaines ou centaines de kilomètres de bobinages employés dans cette véritable centrale thermonucléaire ? s'informa le topographe que ce prodige du génie humain frappait d'admiration.

— Grâce à une puissante installation de réfrigération conçue par des techniciens allemands ; ce système de refroidissement

(1) Tous ces détails (schématisés) sur la Magnétohydrodynamique (MHD) sont conformes aux théories scientifiques régissant les phénomènes thermonucléaires au sein d'une « bouteille magnétique » (Tube Zeta, Stellarator, etc.).

consomme une quantité énorme d'électricité, mais cela ne constitue point pour nous un handicap, puisque la réaction de fusion nous alimente en énergie électrique bien au-delà de nos besoins ! Ne craignez donc pas de vous voir mettre à l'amende si, le soir, vous vous endormez en oubliant d'éteindre vos cabines, plaisanta le professeur Gustave Rocca.

— L'hydrogène utilisé sous ses formes isotopiques sera donc extrait de l'eau ?

— Exactement, monsieur Brewster. Non seulement de l'eau que nos réserves renferment par milliers de litres, mais aussi des eaux usées dont nous parlions tout à l'heure, eaux qui s'accumulent dans des réservoirs spéciaux où des pompes les dirigent d'abord dans une installation de purification puis vers un laboratoire, également automatique, où l'hydrogène ordinaire en est extrait avant d'être transformé en deutérium et tritium. Le *Fulgurant,* cette merveille de la science européenne, est le fruit de vingt années de travaux et de recherches menées en étroite collaboration par tous les Etats européens.

— Très objectivement, admit Lydia Markridinova, l'Europe est en droit de prétendre avoir donné au monde une admirable leçon de courage, de ténacité, mais aussi de savoir.

— Cette réalisation eût été impossible sans l'union de tous les pays d'Europe dans une étroite communauté économique, culturelle et scientifique, conclut le professeur Rocca avant d'ajouter : si vous le voulez bien, nous allons maintenant gagner le pont supérieur où, dans un quart d'heure, doit se tenir la réunion générale annoncée par le commandant Dutertre.

Ils empruntèrent un escalier mécanique mis en action par la rupture des faisceaux lumineux frappant une cellule photo-électrique. Avec un ronronnement feutré les marches articulées de l'élévateur les conduisirent, de palier en palier, vers la coursive centrale du pont A. Coursive assez courte dont l'écoutille, à son extrémité, permettait d'accéder à une immense salle au plafond voûté formé par la paroi supérieure du *Fulgurant*. Dix longues tables s'y alignaient, avec des sièges, pour recevoir les quelque quatre-vingts membres de l'expédition. Les parois latérales de cette salle étaient dotées de grands hublots en néo-pyrocéram. Leur énorme épaisseur permettait d'observer l'espace cosmique, d'un noir insondable, criblé d'astres à l'infini.

— Cette salle, annonça le professeur Rocca, sera notre réfectoire. La salle de réunion, de même grandeur, est mitoyenne à celle-ci. Nous allons nous y rendre en laissant à l'équipage place libre pour installer nos couverts.

— Et nous servir une bonne ratatouille d'algues farcies aux algues et arrosées de sauce d'algues, confia discrètement le topographe à la zoologue antillaise qui, avec lui, fermait la marche.

— Vous auriez dû emporter des sandwiches, Rousseau, rétorqua-t-elle.

— Je sais qu'il est de plus en plus admis,

dans les milieux scientifiques, d'user sportivement de « mon cher Dupont », Durand, ou bien Dubois, mais j'aimerais autant que vous m'appeliez Claude, tout simplement.

— Aucune objection, Claude, agréa-t-elle, et nous ferions tous bien, d'ailleurs, d'observer dès maintenant cette habitude amicale. Cela fait un peu guindé, à bord d'un astronef, de s'appeler monsieur, docteur ou mademoiselle, entre techniciens et scientistes voués à une étroite collaboration.

De dimensions égales à celles du réfectoire, la salle de réunion pourvue de hublots panoramiques s'ornait d'un immense écran télévisionneur également destiné à la projection de films. Au-dessous de l'écran, sur une étroite « scène », était disposée une table avec microphone. Dans la salle, outre de nombreux sièges dont les pieds adhéraient au parquet de métal par des plots magnétiques, se trouvaient des tables de ping-pong, des billards, des tables de bridge, un piano et une bibliothèque. Dans un angle s'alignaient enfin trois *juke boxes* isolés dans une cabine insonorisée aux cloisons transparentes.

L'horloge électronique surmontant le grand écran marquait 17 h 50 lorsque l'écoutille B livra passage au capitaine Gérard Van Hagen et à sa section composée de 29 *TAE* ou Techniciens Auxiliaires de l'Espace. A quelques minutes d'intervalle arrivèrent à leur tour les *TAE* féminines précédées de leur lieutenant, la jeune Sarroise Simone Vogel.

Le nombre élevé des membres de l'expédition et leur cloisonnement par groupes civil et militaire à chaque pont n'avaient pas permis — lors du départ assez précipité — d'organiser une entrevue générale. Ainsi, toute liberté leur était-elle maintenant accordée pour faire mutuellement, et sans rigueur protocolaire, plus ample connaissance. Les poignées de mains succédaient aux poignées de mains et, bientôt, « civils » et « militaires », scientifiques ou techniciens des deux sexes, sympathisèrent sans contrainte.

Dans son rôle de psychologue, Sylviane Beauchamp se réjouissait tout particulièrement de voir naître autour d'elle cette atmosphère de cordialité et d'entente mutuelle. Sylviane sentit une main se poser sur son épaule. Elle se retourna et sourit au commandant Dutertre qui, discrètement, venait de paraître à l'écoutille. Dans le brouhaha des conversations, son arrivée était passée inaperçue.

— Que pensez-vous de ce premier contact, Sylviane ? questionna-t-il à mi-voix.

— Le moins qu'on puisse dire est qu'ils ont l'air ravi. Puisse cette ambiance régner jusqu'au terme du voyage.

— Bah ! Rousseau se chargera, par ses boutades et son humour, d'arrondir les angles si des inimitiés devaient naître à bord. Avez-vous d'ores et déjà décelé chez l'un de vos compagnons un comportement peu sociable ?

— Pas précisément, commandant.

L'officier baissa la voix et murmura :

— Personne ne peut nous entendre, chérie ; « commandant » est donc superflu.

Elle lui grimaça un sourire et dans ses yeux passa une lueur mélancolique :

— Je sais, Roland, mais il n'est prudent ni pour toi ni pour moi de... donner l'exemple à nos compagnons.

— J'ai l'impression, pouffa-t-il, qu'ils n'en auront guère besoin ! Regarde donc Rousseau qui, dans la cabine d'un *juke box,* fait déjà la cour à Nicole Belmont sous le prétexte d'écouter un disque avec elle !

Dutertre alluma deux MS et en offrit une à sa compagne. Beaucoup d'autres passagers les avaient imité et fumaient en bavardant, le système de ventilation à bord assainissant en permanence l'atmosphère.

CHAPITRE IV

A l'issue de leur premier repas pris en commun dans le réfectoire, les astronautes avaient gagné la *Relax Room* pour y attendre, en devisant, le commandant Dutertre. Ponctuel, celui-ci les rejoignit à vingt-deux heures précises. En souriant, il grimpa lestement sur l'avant-scène et s'empara du micro placé sur la petite table. Avec parfois une certaine sécheresse involontaire due à son habituel ton de commandement, sa voix chaude éclata dans les baffles disposées de part et d'autre de l'écran :

— Chers amis, nous volons depuis une dizaine d'heures déjà et vous devez trouver bien longues à venir les explications promises au départ. Ce à quoi vous allez assister vous fera comprendre pourquoi j'ai attendu si longtemps pour vous donner les éclaircissements — nombreux — auxquels vous avez droit. Procédons par ordre ; un détail n'a pu manquer de vous surprendre, après la douloureuse épreuve du départ : le rétablissement d'une pesanteur normale à bord du *Fulgurant* alors même que ce dernier était soumis à une accélération *constante*.

« Expliquons donc ce paradoxe. Le champ magnétique engendré par le réacteur de fusion se développe également en couronne autour de l'astronef. Un second champ, de nature sensiblement différente, produit par un dispositif dont seule une poignée de savants européens conserve le secret, se juxtapose au précédent et crée cette pesanteur artificielle. Les interactions de ces champs isolent chaque atome de notre corps et le soustraient aux effets de l'accélération proprement fantastique à laquelle, sans nous en rendre compte, nous sommes tous soumis.

L'officier regarda sa montre, jeta ensuite un bref coup d'œil aux hublots et reprit :

— D'autre part, connaissant le principe de la propulsion ionique de notre appareil, vous avez dû faire un rapprochement entre sa vitesse « probable » et celle que l'on prête aux ions accélérés, savoir : plusieurs dizaines de milliers de kilomètres à la seconde. Sans doute avez-vous hésité à admettre que l'astronef pouvait, *lui aussi*, se déplacer à ces mêmes vitesses. Vous avez dû reculer devant l'énormité des chiffres qu'impliquait ce raisonnement... Et pourtant, ces chiffres sont encore bien au-dessous de ceux auxquels — timidement — vous avez du penser !

Derechef, le commandant de bord consulta son chronographe et, d'un ton beaucoup plus rapide, il conseilla :

— Rapprochez-vous des hublots, à bâbord. A

vingt-deux heures trente, soit dans une minute quarante secondes, vous apercevrez un corps que vous reconnaîtrez peut-être grâce aux photographies qu'en ont obtenues les télescopes électroniques installés sur Mars et sur la Lune...

Vivement intrigués, tous se précipitèrent vers les hublots, espérant découvrir dans le fourmillement d'astres le « corps » auquel Dutertre avait fait allusion. A l'heure dite, un globe du diamètre d'une orange apparut, très faiblement lumineux, au lointain. Sa surface d'un gris terne paraissait marbrée de taches noirâtres.

— Pluton !

Cette exclamation jaillit simultanément de plusieurs bouches. L'astrophysicien Louis Borde et l'astronome André Faugeas contemplaient avec ravissement cette planète dont s'éloignait déjà le *Fulgurant.* Toutefois, ayant participé à l'élaboration du *Projet X* et connaissant par avance cette « rencontre » aux confins du système solaire, les deux savants ne manifestaient pas la même excitation que leurs compagnons. Sans être au fait des données précises de l'astronomie, ceux-ci n'ignoraient pas que cet astre roulait dans le vide glacial à la distance moyenne de cinq milliards neuf cent cinquante millions de kilomètres du Soleil. Et de se savoir eux-mêmes à une telle distance de la Terre les laissait pantois de saisissement.

— Oui, Pluton, qui actuellement gravite à environ six milliards sept cents millions de kilomètres de la Terre, confirma le commandant Dutertre. Pluton, que la lumière du Soleil met en moyenne cinq heures trente à atteindre, nous, à bord du *Fulgurant*, venons de croiser son orbite après une dizaine d'heures de vol ! Un astronef classique n'aurait pas mis moins de six mois pour couvrir le même trajet ! Notre appareil, grâce à sa propulsion par énergie ionique, se meut en ce moment à la vitesse de cent quatre-vingt mille kilomètres-seconde... soit un peu plus de la moitié de la vitesse de la lumière. Cette vitesse luminique, savoir trois cent mille kilomètres-seconde, il l'atteindra cette nuit — ou demain — à zéro heure quinze, car son accélération sera constante jusqu'à ce « plafond » relatif.

Ces révélations avaient jeté les passagers dans le plus complet égarement. Ces chiffres effarants leur donnaient le vertige et ils ne parvenaient pas à réaliser pleinement leur énormité.

— Mais..., mais, bégaya Vera Perego, il n'y a plus que deux astres morts, récemment découverts, au-delà de l'orbite plutonienne ! Après c'est le vide interstellaire ! Le plus proche soleil, *Alpha Centauri*, est à quelque quatre années-lumière virgule trois du nôtre ; et même à la vitesse luminique le *Fulgurant* mettrait plus de quatre ans pour gagner cette étoile.

— C'est exact, à la vitesse luminique, du moins ; aussi n'irons-nous point vers Alpha du Centaure mais bien plutôt dans le système solaire de Capella, situé à quarante-deux années-lumière de la Terre... seulement, stipula-t-il sans paraître choqué par ce paradoxe.

— Devons-nous comprendre que le *Fulgurant,* lorsqu'il aura atteint la vitesse de la lumière, nous emportera vers le système binaire capelléen après un voyage de quarante-deux années ? s'affola Nicole Belmont.

— Le *Fulgurant* nous emporte effectivement vers Capella, toutefois, il ne lui faudra pas quarante-deux ans pour couvrir ce trajet. En supposant même sa vitesse limitée à celle de la lumière, il atteindrait ce système en beaucoup moins de temps, quelques années tout au plus en vertu du principe relativiste bien connu du théorème du « Voyageur de Langevin ». Pour ce voyageur, le temps à bord de l'astronef ne serait pas le même que le temps écoulé sur la Terre durant son périple ; une année passée à bord de son engin équivaudrait par exemple à dix années « terrestres » ou davantage. Ainsi, Capella pourrait être abordé au bout de sept à huit années tandis que, sur la Terre, quarante ou cinquante ans se seraient écoulés pendant la même période.

« Mais ce théorème, rassurez-vous, n'est point applicable au *Fulgurant,* dont la vitesse de croisière n'est point celle de la lumière. Je m'explique. Cette nuit, à zéro heure quinze très exactement, l'accélération constante du *Fulgurant* lui aura imprimé une vitesse égale à la vitesse luminique ou trois cent mille kilomètres-seconde. Et c'est alors qu'un phénomène absolument déconcertant se produira. Ayant atteint cette vitesse considérée — à tort — comme une limite, un « mur » infranchissable, notre appareil basculera dans le sub-espace, cet étrange « milieu » que les mots sont impuissants à décrire et dans lequel le temps n'a pour ainsi dire plus de durée et l'espace plus d'étendue !

« Certes, le franchissement de cette barrière luminique n'est point sans danger. Il subsiste toujours un faible potentiel de risques, néanmoins, nous pouvons miser sur une réussite quasi certaine. En effet, il ne suffit pas à un mobile d'atteindre la vitesse de la lumière pour basculer « de l'autre côté » de l'espace classique. Sans doute un tel mobile le pourrait-il, mais il serait alors livré à lui-même et, vraisemblablement, serait perdu corps et bien, errant jusqu'à la fin des temps dans cet hyperespace. D'ailleurs, c'est ce qui a dû arriver à nos premières fusées expérimentales que nous n'avons jamais revues. Il en va tout autrement avec le *Fulgurant*. Ses champs énergétiques exercent une action directe sur le milieu où il évolue ; c'est ainsi qu'ils créeront une sorte de « tunnel transpatial », une voie libre à la frontière immatérielle séparant notre espace classique du mystérieux sub-espace. C'est cette voie transdimensionnelle qu'empruntera notre engin pour se mouvoir ensuite dans le subespace jusqu'à son *point d'émergence* au cœur du système solaire capelléen.

— Les fusées expérimentales auxquelles vous avez fait allusion, commandant, vous ont-elles permis de juger réalisable avec un minimum de risque le voyage que nous entreprenons ?

— S'il en était autrement, Rice, croyez bien

que nous n'aurions point exposé autant de vies humaines pour tenter cette randonnée cosmique. Nos premières expériences remontent à une huitaine d'années, lorsque nous avons lancé une fusée autoguidée à propulsion ionique vers Capella. Nous savions, nous escomptions que ce prototype, une fois atteinte la vitesse de la lumière, basculerait vraisemblablement dans le sub-espace. La chose a bien dû se produire... mais nous n'avons plus revu la fusée. La seconde connut le même sort et c'est alors que l'éminent physicien Gustave Rocca et ses collègues allemands mirent au point le fameux dispositif — rigoureusement gardé secret — capable de créer un champ d'isolement transdimensionnel sans interférence avec le champ magnétique engendré par le réacteur de fusion.

« Notre troisième essai fut enfin couronné de succès. La fusée franchit le sub-espace et nous perdîmes contact avec elle. Cela était évidemment prévu puisque, jusqu'ici du moins, tous nos efforts de communication radio — ou téléguidage — à travers le sub-espace sont demeurés vains. Toutefois, le computeur électronique opérationnel installé à bord de la Fusée III avait été préalablement réglé de façon à déclencher le dispositif de translation subspatiale au bout de deux semaines de vol, temps mesuré selon le temps terrestre. Bien entendu, nous n'avons pu évaluer exactement le temps écoulé dans l'astronef durant son voyage, mais il est vraisemblable qu'il ne différait en rien du temps terrestre. En effet, l'horloge atomique de bord marquait au retour la même heure que celle de l'horloge témoin de notre polygone d'essais.

« Ce résultat nous donna l'assurance que nulle surprise « temporelle » ne pouvait nous guetter lorsqu'un véritable astronef nous ferait accomplir la même randonnée cosmique ; la Terre, à notre retour, n'aura pas vieilli de plusieurs siècles !

« Après ce premier succès intégral, nous pratiquâmes plusieurs essais avec de nouvelles fusées et dressâmes une sorte de table de chronométrage subspatial. Cette manière d'éphéméride déterminait en quel point de l'espace « classique » pouvait nous amener un vol de deux heures, d'un jour ou davantage au sein du sub-espace. Grâce aux photos astronomiques prises par nos fusées elles-mêmes, nous avons scrupuleusement noté sur une carte céleste ces « points d'émergence » où nos prototypes, sortant du sub-espace, réintégraient le continuum. Nous sommes donc pourvus de coordonnées précises qui nous permettront de savoir en quelle zone cosmique un vol subspatial de telle ou telle durée nous conduira.

« Enthousiasmés par ces premiers résultats, nous entreprîmes la construction du *Fulgurant* et commençâmes une seconde série d'essais. Une fusée-laboratoire entièrement automatique emporta notamment dans ses flancs une télé-caméra et des détecteurs infrarouges. L'un d'eux, connecté au computeur électronique directionnel, était réglé pour ne réagir qu'à des températures planétaires moyennes compatibles avec les conditions de vie telles que nous les concevons. La moyenne devait s'établir entre moins vingt et plus cinquante degrés centigrades. Enregistrée par le détecteur, cette échelle thermique déclencherait un mécanisme qui orienterait automatiquement la fusée vers un astre présentant ces caractéristiques physiques. Conjointement, un spectrographe devait effectuer une analyse de l'atmosphère de cette planète. Car, j'ai omis de le préciser, seule la détection d'une atmosphère pouvait déterminer la manœuvre d'approche ordonnée par les computeurs électroniques.

« Le spectrogramme de cette atmosphère obtenu, le labo automatique allait immédiatement le comparer aux spectrogrammes-témoins des atmosphères de Mars, Vénus, Ganymède et, naturellement, de la Terre. Ainsi, les données thermiques, les données spectrographiques et l'intensité du champ magnétique fournie par le magnétomètre furent comparées, pesées, évaluées à leur juste valeur par le coordinateur analytique. Cet instrument décréta qu'un atterrissage était possible, profitable, partant, qu'il s'imposait. La fusée autoguidée se posa donc sur *Capella IV,* quatrième planète gravitant à quelque 2 500 000 000 de kilomètres du soleil Capella et de son compagnon, car cet astre est en réalité une *étoile double.* Les analyses de l'atmosphère, du champ magnétique, l'évaluation de la température furent reprises *in situ* et s'avérèrent parfaitement concordantes avec les résultats télémétriques obtenus depuis l'engin placé en orbite de satellitisation. Nous avons déjà procédé à l'examen d'une bonne douzaine de planètes réparties dans sept systèmes solaires différents mais, pour la première fois, notre fusée se posait sur un monde presque identique au nôtre quant à ses conditions générales de vie, d'atmosphère et sa composition.

La botaniste soviétique risqua une objection :

— Cette planète se trouverait à 2 500 000 000 de kilomètres des soleils binaires capelléens et, à sa surface, régneraient des conditions favorables à la vie ? Il me semble qu'à une telle distance des soleils, ce globe devrait être un astre mort, gelé, à l'atmosphère glacifiée en montagnes de glace !

— Non, Lydia Markridinova, repartit le commandant Dutertre. Si cette planète gravite aussi loin de l'étoile double, il ne faut pas oublier que ces soleils sont *cent fois plus lumineux et vingt fois plus gros que le nôtre* (1) ! Il est donc normal qu'une planète sensiblement comparable à la Terre mais aussi éloignée de ces soleils ne reçoive pourtant une quantité de rayonnement largement suffisante pour entretenir la vie.

— La vie s'est donc développée sur *Ca-*

(1) Capella, la « Chèvre » ou Alpha du Cocher. Les deux astres (à quatre-vingt-trois millions de km. l'un de l'autre dans leur plus grand éloignement) qui forment ce système appartiennent aux types *gG4* (jaune-orangé) et *gF4* (bleu) dont *l'ensemble spectral* est *classé « G.O. »* comme notre soleil. En fait, le système capelléen comporte une autre étoile double, naine rouge, binaire, identifiée en 1936.

pella IV ? s'enquit le biologiste anglais, captivé par les paroles du chef d'expédition.

— Les films pris par nos fusées — en vol circumplanétaire ou à l'atterrissage — montrent indiscutablement des zones de végétation, des mers et des rivières, des montagnes étrangement boisées. Si donc il y existe une flore aussi évoluée, il est hautement probable qu'une vie animale a pu éclore et s'y développer. La dernière fusée expérimentale envoyée sur ce monde était porteuse d'animaux-cobayes qui, dans leurs cages, furent exposés pendant dix heures à l'air même de *Capella IV*. Ces animaux, des cobayes, des lapins, des chiots et des singes sont revenus en parfaite condition physique. Vous avez d'ailleurs pu en juger par vous-mêmes puisqu'ils font maintenant partie du voyage !

Claude Rousseau hésita un long moment avant de se résoudre à poser une question qui paraissait le préoccuper fortement :

— Cet engin, ou ses prédécesseurs, n'ont-ils pas décelé... heu... filmé une manifestation, un témoignage quelconque de vie intelligente ?

— Vous voulez parler d'une ville ? De constructions artificielles ? Non, rien de semblable n'a été révélé, cependant, il convient de préciser que les films pris lors des vols circumplanétaires sont extrêmement confus dans les détails de structure topographique. Si l'on distingue clairement des chaînes de montagnes, des mers et certains grands cours d'eau, il nous fut impossible de discerner le moindre détail — géométrique, par exemple — pouvant être imputé à une activité créatrice. Il y a bien eu quelques doutes ou contestations entre les spécialistes à propos de certaines surfaces géométriques qui auraient pu passer pour des constructions, mais il se trouve qu'elles sont en fait couvertes de végétaux très denses.

« Par ailleurs, les films pris au sol ne montrent distinctement qu'un paysage étrange, certes, mais privé de toute présence animale. Seuls des végétaux bizarres y figurent, de hautes herbes principalement qui ondulent sous le vent. Comme il se doit, les appareils de bord et les détecteurs avaient choisi un terrain plat et pauvre en végétation pour assurer à la fusée un atterrissage dépourvu de risque. Ces films « locaux » ne nous renseignent donc en rien sur la faune, probable, ni sur une forme de vie intelligente très hypothétique. Force nous est d'attendre d'aborder nous-mêmes ce monde pour être édifiés sur ces points particuliers.

— Et cette attente, combien durera-t-elle ?

— Deux semaines de voyage subspatial et quelques heures pour couvrir la distance qui, à notre point d'émergence, nous séparera de ce globe.

— Seulement deux semaines ? s'écria la physiologiste italienne, incrédule. Notre absence ne devait-elle pas durer trois ou quatre mois ?

— Si, mais ce délai comprend notre séjour sur Capella IV. En fait, notre expédition cosmique est une simple mission d'exploration préalable. Nous serons uniquement les pionniers de la recherche scientifique sur ce monde. Après nous viendront des équipes européennes, avec des chercheurs internationaux invités à participer à nos travaux à l'instar de certains d'entre vous, fit-il à l'intention des délégués scientifiques américain, anglais et russe. Plus tard, si les USA, la Russie et l'Angleterre consentent à former avec l'Europe les Etats-Unis du monde, nous offririons à la Fédération Mondiale les moyens de réaliser une véritable escadre d'astronefs à propulsion ionique. A leur bord prendront alors place non plus des pionniers au sens littéral du terme, mais des colons qui s'établiront sur un monde accueillant, riche peut-être et favorable à l'éclosion de villes-champignons où des familles, des jeunes gens et des jeunes filles pourront vivre avec un minimum de risques et fonder une société nouvelle.

Le chef d'expédition fit une pause, semblant évoquer un instant ce que serait cette extraordinaire colonisation planétaire, puis :

— Nous avons encore trois quarts d'heure à attendre d'ici à l'heure H où nous basculerons dans le sub-espace. Employez-les à votre guise. Le moment venu, je vous demanderai de regagner vos cabines.

***

Sylviane Beauchamp, très à l'aise dans son rôle de « chef de pont », attendit que tous ses compagnons se fussent allongés sur leur siège-couchette pour, à son tour, s'installer à sa place, à l'extrémité de la cabine commune. Sur l'écran télévisionneur apparut le visage énergique mais souriant du commandant Dutertre. Il parcourut des yeux les vingt passagers allongés et déclara :

— La translation subspatiale aura lieu dans douze minutes. Il n'y a aucune raison, apparemment, pour que l'opération ait sur nous ou sur notre appareil des répercussions dangereuses. Les nombreux vols expérimentaux couronnés de succès sont là pour nous tranquilliser. Le mur luminique franchi, nous serons désormais coupés de toute liaison radio avec la Terre car les ondes hertziennes, elles, se heurtent à ce mur constituant la limite de leur vitesse de propagation. Attachez vos sangles de sécurité et attendons. Je commencerai le décompte à partir de H moins une minute.

L'image du chef pilote s'estompa et à ses paroles succéda le silence. Les passagers, émus sinon inquiets, n'osaient point encore échanger leurs impressions, forger des pronostics. Au bout de quelques minutes de ce silence que troublait seul le bruit des respirations, le topographe hasarda :

— Vous...

Il toussota, s'éclaircit la voix — curieusement enrouée — et reprit :

— Vous n'êtes guère causants...

Loin de rompre l'atmosphère de plus en plus tendue, cette remarque n'attira que des murmures indistincts ou des toussotements gênés. Claude Rousseau s'agita sur sa couchette, cala confortablement sa tête sur l'oreiller en caoutchouc mousse puis il rumina en haussant philosophiquement les épaules :

— Bon ! Bon, bon...

L'attente paraissait désespérément longue à chacun. Certains, les bras collés au corps ou les mains jointes sur l'abdomen, remuaient les jambes de temps en temps. Sur les matelas caoutchoutés, le frottement de leurs leggins en nylo-platex faisait un bruit énervant. D'autres tambourinaient avec impatience sur les rebords métalliques ou sur les montants des sièges couchettes gigognes.

— H moins une minute...

Dans l'écrasant silence qui retomba sur les paroles du commandant Dutertre et alors que tous les passagers commençaient *in petto* le décompte angoissé des secondes, la voix du topographe, très calme, retentit :

— Tiens, je retarde.

Ces simples mots — tellement inattendus en ce moment de « suspense » — parvinrent cette fois à déclencher des rires étouffés mais nerveux.

— H moins 30 secondes...

De nouveaux bruits de déglutition, des murmures indistincts se firent entendre, faibles pourtant.

— H moins 20 secondes... H moins 10 secondes...

Nicole Belmont, allongée sur la couchette supérieure, laissa pendre son bras et agita doucement la main. Dans cet appel muet, elle cherchait la présence, le réconfort de Claude Rousseau qu'elle n'avait pour ainsi dire pas quitté de la soirée. Elle ferma les yeux et respira un peu moins vite lorsqu'elle sentit les doigts du topographe se refermer sur les siens.

— H moins 5 secondes, 4, 3, 2, uuuuuunnnnnn...

Dans les haut-parleurs, la voix du chef pilote subit une étrange déformation cependant que l'éclat des plaques électro-luminescentes du plafond diminuait rapidement. Les rampes au néon disposées à chaque extrémité de la longue cabine clignotèrent et faiblirent à leur tour. Une violente nausée envahit les passagers et la cabine, de forme parallélépipédique, sembla soumise à d'insolites distorsions. Les lignes, les arêtes, les angles des objets, leur surface, tout paraissait distordu et transformé spontanément en une matière élastique qu'un mauvais plaisant aurait étirée, ployée et comprimée dans tous les sens.

Privés de poids, tout comme lors d'une chute libre, l'estomac soulevé par des nausées incoercibles, l'esprit vide, sans réaction, les astronautes demeuraient paradoxalement apathiques. On eût dit que ces phénomènes « en chaîne » avaient oblitéré leurs réflexes ou leurs facultés volitives et les avaient frappés d'une totale indifférence ! Cette sensation déroutante, cette impression de vertige et de flottement qui laissait chacun amorphe cessa brusquement et tous reprirent contact sans douceur avec leurs sièges-couchettes. L'éclairage redevint normal tandis que la cabine, les êtres et les choses reprenaient leur aspect familier. Il ne subsista chez les membres de l'expédition qu'une gêne légère, une longue vague aux creux de l'estomac.

Les haut-parleurs grésillèrent et sur tous les

écrans télévisionneurs s'inscrivit l'image du commandant Dutertre. L'officier, un peu pâle peut-être, arborait néanmoins un radieux sourire :

— Les champs magnétiques ont ouvert la voie hors continuum et nous avons fait le saut ! Le *Fulgurant* a basculé dans le sub-espace où deux semaines suffiront pour couvrir les quarante-deux années-lumière séparant la Terre de Capella ! Deux semaines dans le néant, dans un vide total que l'homme viole pour la première fois depuis que le monde est monde !

« Au fait, sourit-il, peut-être serez-vous curieux de jeter un coup d'œil... *au-dehors ?* Quartier libre à chacun jusqu'à demain sept heures. Vous pouvez en toute quiétude déambuler dans l'astronef ou passer la nuit devant les hublots si le cœur vous en dit ! Je crains cependant que vous soyez déçus par le « paysage » !

Sans s'être concertés, les passagers des trois ponts se retrouvèrent un peu plus tard dans la *Relax Room* du pont supérieur, à l'exception toutefois du commandant Dutertre, de Karl Steinhoff et du professeur Rocca, demeurés aux commandes. Ils étaient restés à leur poste moins pour surveiller la marche du vaisseau — entièrement automatique durant sa course subspatiale — que pour observer l'étrange « milieu » dans lequel l'appareil fonçait à des vitesses inimaginables.

C'est en vain qu'à travers les énormes hublots techniciens et scientifiques cherchèrent à déceler le poudroiement d'astres de la

Galaxie et les myriades d'étoiles qui avaient été jusqu'ici leur incommensurable horizon. Une opacité sombre, ni noire ni grise, environnait le *Fulgurant,* semblait coller à ses hublots et l'on aurait pu croire que l'astronef, brusquement, avait plongé dans un liquide opaque, une « stase » uniforme et figée. L'absence totale d'astres interdisait la moindre sensation de perspective, de « profondeur » ou d'étendue en ce milieu ou ce néant qui heurtait la raison.

— Fichu temps ! plaisanta le topographe. On n'y voit goutte, « dehors ».

— Vous êtes sûr que l'astronef n'est pas arrêté ? risqua la physiologiste italienne en écarquillant les yeux en pure perte.

— Moi ? Mais je ne suis sûr de rien, Vera ! se défendit-il comiquement. Allez donc voir quelque chose, dans cette mélasse !

— Effectivement, le spectacle est assez monotone, reconnut Sylviane.

— Eh bien ! si vous le trouvez monotone cinq minutes après son apparition, qu'en direz-vous au bout de deux semaines !

Rapidement lassés, les membres de l'expédition désertèrent les hublots pour s'installer aux tables de bridge ou pour jouer aux divers jeux qui, en l'occurrence, promettaient de devenir bientôt de vrais jeux de patience ! Le topographe, la zoologue antillaise, le radio Pierre Kaddoura et la botaniste russe optèrent pour le jeu de fléchettes et entamèrent une partie, sous les regards de plusieurs techniciens auxiliaires de l'Espace et membres de l'équipage.

La partie se déroulait depuis un quart

d'heure environ lorsque, brusquement, le lieutenant Simone Vogel poussa un cri de stupeur. Tous les visages se retournèrent vers la jeune fille qui, très pâle devant un hublot, scrutait l'opacité du sub-espace avec une expression médusée.

CHAPITRE V

La jeune Sarroise fut bientôt entourée par tous les passagers que son cri avait alarmés.

— Je... J'ai aperçu quelque chose. Quelque chose de brillant qui se déplaçait vers l'arrière à une vitesse vertigineuse, perpendiculairement à notre ligne de vol.

L'astrophysicien Louis Borde échangea avec son collègue astronome un regard assez sceptique.

— Comment auriez-vous pu voir quelque chose de brillant se déplacer dans le subespace ? s'écria le jeune astrophysicien sans oser lui dire : vous avez rêvé.

— Je n'ai pas *vu* mais plus exactement *entrevu* quelque chose, lumineux ou brillant, à la limite de mon champ visuel.

— Comment étiez-vous placé, lieutenant ? questionna Faugeas.

— J'étais ici, fit-elle en se plaçant face au hublot mais à son côté gauche. Je regardais machinalement devant moi.

— Placée telle que vous l'êtes, c'est la « vision marginale » de votre œil droit, probablement, qui *aurait* alors enregistré fugitivement cette impression lumineuse. En vérité, nous ne savons rien du sub-espace et des phénomènes qui peuvent s'y dérouler ou des illusions d'optique de nature inconnue auxquelles il peut donner naissance.

— Je ne pourrais honnêtement m'inscrire en faux contre cet argument, céda-t-elle. Peut-être était-ce une illusion ou bien peut-être ai-je assisté à un phénomène inhérent à la nature pour nous mystérieuse du sub-espace.

Sylviane Beauchamp enfonça une touche du clavier sélecteur et sur l'écran se forma l'image du poste de pilotage. Le commandant Dutertre, Steinhoff et le physicien Rocca bavardaient, assis devant le tableau de bord en demi-lune. Renseignés sur l'insolite « vision » du lieutenant Vogel, ils restèrent profondément perplexes.

—Nous n'avons strictement rien vu, finit par murmurer Dutertre en secouant la tête.

— Cette « chose » aurait été vue vers l'arrière du *Fulgurant* et selon une direction perpendiculaire à la nôtre, commenta la jeune psychologue. De votre poste, vous n'auriez donc pas pu l'apercevoir.

— J'entends bien, maugréa l'officier, mais je ne m'explique pas que les radars n'aient absolument rien détecté !

— Savons-nous seulement si les ondes-radars peuvent se propager dans le sub-espace ? objecta Gustave Rocca.

Des exclamations et des cris de surprise fusèrent parmi les passagers rassemblés devant les hublots. Dans le poste de pilotage, les trois hommes s'étaient eux aussi dressés précipitamment pour scruter à travers le dôme transparent l'opacité du sub-espace.

— *Mein Gott !* exhala Steinhoff en désignant une tache de lumière, floue, qui grossissait peu à peu sans qu'il fût possible d'affirmer qu'elle se rapprochait.

Tous les passagers distinguaient maintenant le halo verdâtre d'un globe terne ponctué de taches plus claires sur une ligne horizontale.

— Lieutenant Vogel ! Est-ce un... une chose de ce genre que vous avez vue, tout à l'heure ?

— Je crois bien, commandant. Je n'ai pu alors distinguer les détails, mais il me semble que la teinte de l'objet tirait sur le vert.

Dutertre jeta un coup d'œil au radarscope dont le repère mobile pivotait sans révéler la moindre présence dans sa zone de détection.

— Le radar ne réagit pas ! Pourtant, cela a l'air d'être matériel.

La « chose » avait considérablement grossi. Elle offrait l'aspect d'une sphère matérielle nimbée d'une pâle auréole verte et pourvue de rectangles orangés, très vifs, à son « équateur ».

— Cela a même l'air d'être un *engin,* un appareil et non point une chose *naturelle !* remarqua le physicien.

La disparition spontanée de l'objet mystérieux lui coupa le souffle. A l'instar des autres membres de l'expédition, les trois hommes demeuraient muets d'étonnement devant cette singulière manifestation. Ils n'étaicnt pas encore revenus de leur surprise que, déjà, des points lumineux, d'un rouge terne, apparaissaient à 45° au-dessus d'un horizon imaginaire. Au nombre de six, ces points rougeoyants se déplaçaient l'un derrière l'autre avec un lent mouvement d'ondulation. Dans l'opacité gris-noir de ce « milieu » où nul système de référence n'était concevable, ces points pouvaient aussi bien se trouver à la surface même des hublots ou du cockpit qu'à des distances incalculables. Pour les observateurs placés dans l'astronef, il s'agissait uniquement de points rougeâtres en mouvement. Le premier de la file disparut spontanément et, tout à coup, les passagers tressaillirent et se rejetèrent vivement en arrière. Un énorme globe rosâtre percé de hublots ovales venait d'apparaître, de se matérialiser à une distance qui semblait très proche de l'astronef. L'étrange appareil, en effet, donnait l'impression de mesurer une cinquantaine de mètres de diamètre et il paraissait immobilisé à une distance à peu près égale à son diamètre.

Des ombres, lentes ou rapides, se déplaçaient parfois derrière les hublots ovales, ombres mouvantes sans formes définies. La sphère disparut avec la même soudaineté qu'elle était apparue, laissant une curieuse persistance lumineuse sur la rétine des astronautes. De leur côté, les cinq autres points rouges s'étaient évanouis.

— Eh bien ! soupira Claude Rousseau, pour du « néant », le sub-espace est assez encombré !

— Vous rendez-vous compte de ce que ces...

« apparitions » signifient ? prononça le commandant Dutertre, bouleversé. Cela signifie que nous ne sommes pas *seuls*, nous, les Terriens, à posséder l'intelligence ! Oh ! bien sûr, nous partagions tous la conviction de la pluralité des mondes habités, mais nous venons seulement d'avoir la preuve qu'il existe d'autres espèces intelligentes dans le cosmos ! Des êtres qui, à l'instar de nous-mêmes, ont pu réaliser des astronefs aptes à se déplacer dans le sub-espace ! Ce milieu fantastique, au-delà de nos concepts habituels, est donc bien une « voie commune » qu'empruntent ces êtres inconnus.

— Assurément, ils ne sont pas les seuls à l'emprunter, intervint Karl Steinhoff. D'autres races pensantes, extrêmement nombreuses et variées, peuvent aussi bien suivre cette voie, croiser au sein du sub-espace d'autres vaisseaux que les leurs sans avoir jamais eu de contact avec leurs occupants.

— Nous l'admettons sans peine car c'est ce qui vient de se produire pour nous et pour les occupants de cet engin sphérique, abonda le professeur Rocca. Peut-être nous sommes-nous trouvés dans une sorte de « voie à grande circulation » parce que régie par des lois physiques naturelles — inconnues pour nous — favorables aux translations subspatiales.

Il médita quelques instants avant de poursuivre :

— Considérant le nombre fabuleux de systèmes planétaires très certainement disséminés dans notre propre Galaxie, seul un hasard miraculeux pourrait nous faire aborder justement sur un monde habité, voire, simplement « fréquenté » par l'une de ces races pensantes.

— Oui, une chance sur des millions, confirma l'astronome Faugeas, placé non loin du micro du télé-interphone. Sapristi ! gronda-t-il en fronçant les sourcils.

Sur l'écran montrant le poste de pilotage venait d'apparaître, visible à travers le cockpit transparent, une sorte d'étincelle. De la grosseur d'une balle de ping-pong, elle se déplaçait rapidement sur le mât du radar prolongeant le nez du *Fulgurant*. L'étincelle, ou plutôt cette petite « masse de lumière » bleuâtre, courut le long de l'antenne, suivit la courbure du « nez » conique, passa rapidement sur la coupole de l'habitacle — dont les occupants courbèrent instinctivement l'échine — et s'éloigna à toute vitesse en glissant le long de la coque de l'immense appareil.

Grâce aux télé-caméras extérieures, le commandant Dutertre fit prestement apparaître sur l'un des écrans la partie caudale de l'astronef. L'image se forma au moment où le petit globe atteignait les ailerons disposés de part et d'autre des tuyères par où s'échappaient les torrents d'ions fantastiquement accélérés. L'étincelle bleuâtre, tel un éclair en boule, parut exploser et disparut à la surface même de l'engin cosmique.

— Avez-vous une idée de ce que cela pouvait être, commandant ? s'inquiéta Sylviane devant l'écran.

Le commandant de bord se mordilla la lèvre inférieure, pensif, puis :

— Pas la moindre, mais la prudence m'incite à supprimer le... quartier libre que j'avais cru pouvoir vous accorder, mes amis. Veuillez regagner vos cabines ou les dortoirs communs. L'équipage à son poste, au pont C. Capitaine Van Hagen, lieutenant Vogel, organisez un tour de garde dans vos sections respectives. Contrôle télévisé toutes les demi-heures. Ces mesures de précautions sont peut-être aussi vaines qu'exagérées, je le reconnais, mais nous ne savons pas si cette sorte d'éclair en boucle était causé par un phénomène naturel ou bien s'il constitue une menace *intentionnellement* dirigée contre nous.

Cette déclaration avait fait naître un malaise chez les passagers qui, par groupes, regagnèrent les dortoirs communs ou les cabines réservées aux membres féminins de l'expédition. Dans la coursive menant au pont B, le topographe prit le bras de la jeune Antillaise, troublé par les effluves de son parfum Bellodgia. Ils gardèrent le silence, envahis par la même inquiétude...

*
* *

L'horloge électronique du tableau de bord marquait trois heures trente lorsque le commandant Dutertre et Pierre Kaddoura se rendirent au poste de pilotage pour relayer au second quart le professeur Rocca et l'ingénieur allemand. En prenant place devant les commandes ; le radio étouffa un long bâillement :

— Excusez-moi, commandant. Je dors encore à moitié.

— Ça se voit, bâilla également l'officier en avançant la main vers le clavier sélecteur des télévisionneurs.

Il suspendit son geste et fronça les sourcils : une lumière rouge clignotait parmi les cadrans de contrôle. Il ne s'agissait point d'un appel mais d'une lampe témoin devant s'éclairer automatiquement lorsqu'on pénétrait dans la « salle de chauffe ».

Les deux hommes partageaient la même surprise.

— Pour quel motif quelqu'un s'est-il rendu auprès du réacteur ? bougonna Dutertre en branchant avec humeur le jeu de caméras électroniques approprié.

Sur un premier écran apparut la vaste salle et ses énormes appareils de part et d'autre de la longue tubulure où s'opéraient les réactions de fusion. D'autres écrans montrèrent la salle vue sous des angles différents de telle sorte qu'aucun recoin ne pouvait échapper aux observateurs.

— Mais... *il n'y a personne !*

— Pourtant, commandant, les faisceaux lumineux des cellules photo-électriques ont été interrompus par le passage de quelqu'un franchissant l'écoutille !

— Forcément ! grommela l'officier, sans cela, ni cette lampe-témoin ni les plaques électro-luminescentes et les rampes au néon de la salle de chauffe ne se seraient éclairées. Pierre, observez attentivement les écrans. Je vais faire un appel de contrôle à chaque pont. Nous découvrirons bien qui s'est absenté.

Il marqua une hésitation, tracassé par l'aspect illogique de cette mesure : si un membre de l'expédition s'était introduit dans la vaste salle du réacteur de fusion, il était évident qu'on aurait dû l'apercevoir au moins sur l'un des écrans. Or, sans erreur possible, la partie caudale du *Fulgurant* était déserte, absolument vide de tout intrus.

Avec un geste d'agacement, le chef pilote se décida tout de même à effectuer un contrôle télévisé systématique en commençant par le dortoir des TAE. Le capitaine Van Hagen se réveilla au bruit sourd du vibreur placé à la tête de la couchette et pressa aussitôt le bouton lumineux qui venait de s'éclairer. Dans le bas-parleur de l'interphone individuel réservé aux communications nocturnes, la voix assourdie du commandant de bord ordonna :

— Capitaine Van Hagen, veuillez vous assurer immédiatement que vos hommes sont tous présents dans le dortoir.

Van Hagen pencha la tête pour jeter un coup d'œil à l'image du chef pilote, minuscule sous le télé-interphone, puis il acquiesça en quittant sa couchette.

Portant un slip pour tout vêtement, il passa silencieusement en revue l'une après l'autre les couchettes gigognes et revint renseigner son supérieur :

— Tous mes hommes sont présents, commandant. Dois-je les réveiller ?

— Inutile, capitaine. Fermez vous-même les verrous magnétiques des deux écoutilles et gardez sur vous les clés de contact. Je vous rappellerai le cas échéant dans une demi-heure. Terminé.

Le commandant Dutertre procéda de la même façon avec le lieutenant Simone Vogel, toutefois, par discrétion, il s'abstint de brancher le téléviseur et se contenta de communiquer avec la jeune TAE par l'intermédiaire du micro bas-parleur. Ayant reçu l'assurance que toutes les auxiliaires étaient couchées, il donna les mêmes consignes à leur chef et appela Sylviane Beauchamp.

— Sylviane, vérifiez immédiatement si toutes les passagères sont bien dans leur cabine et ordonnez-leur de fermer intérieurement les verrous magnétiques. Je vous rappelle dans cinq minutes. Terminé.

Il acheva ce contrôle général par le dortoir commun du pont B dont la responsabilité incombait à l'astrophysicien Louis Borde. Au bout de quelques minutes, celui-ci revint annoncer :

— Claude Rousseau est sorti, commandant. Et il n'est pas aux toilettes, je viens de vérifier.

— C'est bon ! fermez les verrous magnétiques et attendez mes ordres. Terminé... Rousseau ! maugréa-t-il entre ses dents. Où a-t-il pu passer ?

Sur un écran apparut le visage, inquiet, de Sylviane Beauchamp. La jeune psychologue avait jeté prestement sur ses épaules la robe de chambre verte dont chaque passagère avait été dotée :

— La couchette de Nicole Belmont est vide, commandant.

— La zoologue ? Ne partage-t-elle pas votre cabine, Sylviane ?

— Oui, commandant. Je ne vous ai pas rappelé tout de suite, pensant qu'elle avait pu se rendre aux toilettes. Vérification faite, elle n'y est pas.

— Claude Rousseau, lui non plus, n'est pas dans le dortoir du pont B.

— Je vois, fit-elle, embarrassée.

— Non, Sylviane, vous ne voyez pas du tout, répliqua-t-il, un peu sèchement. Ceci dit entre nous, je me moque de ce que peut signifier cette double absence ; Rousseau et notre zoologue sont majeurs, somme toute. Je m'inquiète davantage de savoir pourquoi, au moment où ils s'éclipsèrent discrètement, la lampe-témoin et les plaques électro-luminescentes de la salle de chauffe se sont éclairées ! Or, Pierre et moi surveillons depuis un quart d'heure cette salle et nous avons la certitude que personne n'y a pénétré !

— Vous ne croyez pas qu'un passager clandestin..., hasarda-t-elle.

— Vous n'y pensez pas ! On ne pourrait se cacher nulle part dans la salle du réacteur de fusion. Des caméras électroniques sont placées un peu partout qui balayent l'ensemble des installations. Même un chat ne pourrait y entrer sans être immédiatement décelé. Pourtant, quelqu'un, en ouvrant l'écoutille, a trahi son passage en rompant les faisceaux des cellules photo-électriques, actionnant ainsi la lampe-témoin de notre tableau de bord et l'éclairage de la salle de chauffe. Restez dans votre cabine, Sylviane. Nous allons par acquit de conscience visiter pouce par pouce la salle du réacteur et passer au crible le vaisseau.

Le commandant Dutertre réveilla son second et le pria de venir le remplacer sur-le-champ, puis il appela le capitaine Van Hagen :

— Prenez cinq hommes avec vous, capitaine, et rejoignez-moi *immédiatement* dans la coursive centrale du pont B. Ne prenez pas la peine de vous rhabiller.

Tiré de son sommeil, Karl Steinhoff pénétra dans le poste de pilotage en clignant des yeux. Il avait juste eu le temps d'enfiler la robe de chambre marron clair faisant partie du « paquetage » réglementaire de chaque passager.

— Désolé d'avoir dû interrompre ton repos, Karl. Pierre t'expliquera ce qui cloche à bord.

Il s'éclipsa à grandes enjambées, martelant de son pas décidé le parquet de métal. Dans la coursive centrale, le capitaine Van Hagen et cinq TAE l'attendaient en achevant d'enfiler leur robe de chambre. Tout en leur expliquant la raison de cette « patrouille » nocturne, il les entraîna vers la poupe du vaisseau de l'espace. A l'extrémité de la coursive, ils descendirent lestement une échelle menant au pont inférieur. Le groupe atteignit enfin la grande écoutille de la salle du réacteur thermonucléaire au-dessus de laquelle brillait un voyant rouge. Incrédules, les hommes fixaient le volant central de verrouillage.

— Fermé ! s'exclama l'officier supérieur. *L'écoutille n'a pas été ouverte !* Néanmoins, le barrage des cellules photo-électriques a été rompu, derrière cette porte.

Il empoigna le gros volant en acier chromé et le fit tourner vers la gauche, débloquant le premier verrouillage mécanique avant d'introduire la clé de contact dans le dispositif de sécurité magnétique. Ils pénétrèrent dans l'immense pièce uniformément éclairée d'une lumière bleutée qui tombait du plafond. La tubulure géante ou « Bouteille Magnétique » emprisonnant la réaction de fusion contrôlée irradiait une lueur mauve qui donnait aux visiteurs un teint cadavérique. Ils avancèrent de front, à quelques mètres les uns des autres, examinant dans ses moindres recoins la vaste salle de chauffe sous les regards attentifs d'un homme en faction devant l'écoutille. Conjointement, dans le poste de pilotage, Karl Steinhoff et Pierre Kaddoura suivaient sur les écrans télévisionneurs cette visite méthodique des lieux.

L'un des TAE fut soudain secoué par un frisson glacial.

— Vous avez de la fièvre, mon vieux ? s'informa le commandant Dutertre, surpris de le voir grelotter en claquant des dents.

L'homme, qui allait frileusement remonter le col de sa robe de chambre, interrompit son geste et, tout étonné, balbutia :

— Heu... Non, commandant. J'ai brusquement ressenti un froid glacial mais cela n'a pas duré trois secondes ! Maintenant, je ne sens plus rien de semblable. Je n'y comprends rien.

— Vous vous ferez tout à l'heure examiner par le docteur Bartoli, décréta Dutertre.

Parvenus à l'extrémité conique de la salle de chauffe, dont les parois s'étranglaient autour du réacteur, ils s'entre-regardèrent, perplexes.

— Inutile d'insister, grommela le commandant Dutertre. Personne n'a pu se cacher dans cette salle ; personne avant nous n'y est entré depuis notre départ de la Terre et, pourtant, quelqu'un a interrompu en passant les faisceaux lumineux des cellules photo-électriques.

Il éprouva brusquement la sensation d'un froid intolérable qui le fit grelotter. A deux ou trois secondes d'intervalle, le capitaine Van Hagen, à sa droite, et deux de ses hommes frissonnèrent à leur tour.

— Ah ça ! pesta l'officier supérieur, il règne ici une température de plus trente degrés centigrades et certains d'entre nous ont frissonné comme s'ils avaient reçu une douche glacée !

— Je ne ressens pas le moindre malaise ni signe avant-coureur d'une grippe, déclara Van Hagen, intrigué par ce terrible froid fort heureusement passager.

— Curieux, rumina Dutertre qui, lui non plus, ne reconnaissait point là une manifestation de la grippe. Il ne manquerait plus qu'une épidémie de nature inconnue se déclarât à bord ! Par mesure de prudence, nous allons nous isoler dans le dortoir annexe de ce pont.

Le docteur Bartoli et le biologiste Brewster viendront nous y examiner et nous soumettre à divers tests.

Les quatre hommes « contaminés » et les deux autres TAE qui avaient été en contact avec eux allèrent sans perdre de temps s'isoler dans le dortoir annexe du pont C. Le commandant Dutertre appela aussitôt le poste de pilotage et fit part à Steinhoff de ses craintes. Ce dernier montra tout d'abord une mine surprise, puis assez alarmée :

— Sapristi, Roland ! Il y a moins de dix minutes, Pierre et moi avons nous aussi ressenti ce froid glacial !

— Bonté divine ! pâlit le chef pilote. Bloquez votre écoutille ; isolez-vous. J'ai bien peur qu'il ne s'agisse des premiers symptômes d'une affection inconnue mais salement contagieuse ! Transmets ces consignes générales : à tous ceux qui n'ont pas encore ressenti les atteintes du mal, ordre de revêtir immédiatement leur vidoscaphe. A tous les autres qui ont éprouvé ce froid glacial, ordre de se grouper dans le dortoir annexe de leur pont respectif. Ils devront s'y réunir sans distinction de sexe et dans l'instant même qui suivra la diffusion de ces consignes. Nous organiserons plus tard leur ravitaillement et les soumettrons à une visite médicale. Terminé.

***

L'écoutille du pont B s'ouvrit brutalement sous la poussée de Vera Perego, suivie de Gavin

Rice, de l'astronome André Faugeas et d'une huitaine d'autres scientifiques et techniciens contaminés. N'ayant eu que le temps de saisir leur robe de chambre sans avoir pu encore s'en revêtir, ils s'étaient rués — à demi nus — vers la grande cabine qui leur avait été assignée. Au tapage de leur entrée intempestive succéda brusquement le silence : dans le dortoir faiblement éclairé par une veilleuse, Nicole Belmont, la ravissante Antillaise, était allongée sur une couchette, dans les bras de Rousseau !

L'irruption de ces « nudistes » passablement surexcités les fit se dresser d'un bond. Horriblement gênés, ils ne savaient quelle contenance prendre devant l'intrusion — incompréhensible pour eux — de ce groupe aussi peu vêtu ! Voulant abréger la confusion réciproque, Gavin Rice hasarda charitablement à l'intention du topographe et de sa compagne :

— Alors, vous aussi vous avez eu le grand frisson.

Attribuant à ces paroles un sens tout à fait erroné, la jeune métisse en perdit le souffle et blêmit d'indignation. Moins touché dans sa pudeur que dans son amour-propre, Claude Rousseau marcha vers l'Américain en grinçant :

— Dites donc, Rice, vous voulez que je vous flanque mon poing sur la...

— Mais vous êtes fou, Claude ! s'interposa la physiologiste italienne en l'empoignant aux épaules. Vous ne savez vraiment pas à quoi Rice faisait allusion ?

— Je vous en prie, Vera, je n'ai pas besoin qu'on me fasse un dessin !

— Non, vous n'êtes pas dans la course, Claude, intervint l'astronome Faugeas. Une épidémie caractérisée à son début par un froid glacial suivi d'un unique frisson qui vous donne la chair de poule et vous fait claquer des dents vient d'éclater à bord. Sur chaque pont, de nombreux passagers sont atteints.

— Et si notre entrée a été pour le moins intempestive, s'excusa Vera Perego, c'est parce que nous avons reçu l'ordre de nous isoler immédiatement dans ce dortoir annexe.

Le topographe coula un regard embarrassé vers le géophysicien :

— J'ai été ridicule, Gavin, pardonnez mon emportement.

— C'est oublié, Claude, sourit-il.

— Croyez-vous qu'en nous isolant ici nous serons à l'abri de cette épidémie ?

La physiologiste italienne et ses compagnons s'entre-regardèrent, réalisant soudain l'erreur monumentale qu'ils venaient de commettre en entrant spontanément dans ce dortoir sans s'être préalablement assurés que nul passager non atteint ne s'y trouvait déjà !

— Mais, Claude, balbutia-t-elle, nous avons été isolés non point pour nous mettre à l'abri des atteintes du mal mais parce que nous sommes, tous ici, victimes de cette affection.

Le topographe et la jeune Antillaise échangèrent un regard atterré.

— Ben, merde alors ! explosa Rousseau. Nicole et moi n'avons rien ressenti, ni frisson ni froid glacial et nous voilà maintenant placés en quarantaine pour avoir été en contact avec vous !

— Ne sois pas injuste, Claude, reprocha doucement la zoologue. Nos amis ne pouvaient pas savoir que nous étions ici.

— Bien sûr, accorda-t-il, aussi n'est-ce pas après eux que j'en ai, mais bien après ce fichu concours de circonstances qui nous a fait nous trouver là et non ailleurs !

— Nous dormions tranquillement sur nos couchettes, Rousseau, lorsque ce froid glacial nous a réveillés, expliqua Faugeas. Si, au lieu de vous trouver ici, vous aviez été avec nous, peut-être auriez-vous été contaminés vous aussi.

L'écran télévisionneur surmontant l'écoutille s'éclaira et la psychologue apparut, revêtue d'un vidoscaphe à thermorégulation doté d'un casque globulaire transparent. Légèrement déformée par l'audiophone du scaphandre isothermique, la voix de Sylviane résonna dans le haut-parleur :

— Communication générale, annonça-t-elle pour signifier que ses paroles étaient retransmises à l'ensemble des ponts du vaisseau spatial. Sur les quatre-vingts occupants de l'astronef, quarante-neuf ont ressenti les premiers symptômes de cette affection mystérieuse. Ceux qui ont été épargnés ont reçu l'ordre de revêtir leur vidoscaphe par mesure préventive. Tous les autres passagers placés dans les dortoirs annexes vont être examinés par le docteur Bartoli.

« Par ailleurs, le biologiste John Brewster procédera sur eux à divers tests et prélèvements afin de tenter d'isoler le microbe ou le virus responsable de cette épidémie. Ne vous affolez pas. Le laboratoire de microbiologie du *Fulgurant* n'a rien à envier aux laboratoires terrestres et son microscope protonique nous permettra certainement d'isoler le bacille pathogène inconnu.

« Si les passagers atteints constatent l'apparition de nouveaux symptômes, qu'ils appellent sur-le-champ le poste central. Rien ne doit être négligé qui puisse orienter les recherches du laboratoire. Encore une fois, point d'affolement. Les seuls premiers symptômes de cette épidémie ne nous autorisent pas à penser qu'elle puisse être vraiment dangereuse.

CHAPITRE VI

Installée au poste de pilotage, Sylviane Beauchamp coupa le contact du télévisionneur après avoir diffusé la communication générale aux passagers du *Fulgurant*. Egalement vêtu du lourd vidoscaphe, Pierre Kaddoura, à sa droite, méditait silencieusement les paroles de la jeune fille.

— Une épidémie à bord d'un astronef est une sale histoire, grommela l'ingénieur Steinhoff en arpentant nerveusement la cabine circulaire.

Il se campa devant la paroi transparente du dôme et contempla l'opacité gris-noir du subespace où l'engin aveugle progressait à une fantastique vitesse.

— Treize jours encore à rester dans cette purée de pois !

Sylviane Beauchamp poussa un cri étouffé dans son audiophone tandis que, simultanément, Kaddoura lâchait un juron. Levés d'un bond, tous deux considéraient avec stupeur le boîtier de commande fixé au ceinturon de leur scaphandre. Ce boîtier, au-dessus abondamment pourvu en boutons et cadrans minuscules, renfermait à la fois l'émetteur-récepteur individuel et les organes de réglage automatique du dispositif thermo-régulateur.

— Qu'avez-vous ? s'inquiéta Steinhoff en se rapprochant de ses compagnons.

A travers leur casque transparent, il remarqua que leur visage se couvrait de transpiration. La psychologue et le radio manipulèrent en hâte deux boutons de leur boîtier de commande avant de respirer avec soulagement.

— Mais que s'est-il passé ? insista l'ingénieur allemand.

— Une chose incroyable, Karl, bredouilla la jeune fille. Nous avons tout d'abord ressenti une légère chute de température à l'intérieur du scaphandre et, instantanément, le système de thermorégulation est entré en action.

— Le cadran du thermomètre d'ambiance est brusquement descendu à moins de trente degrés centigrades pendant deux ou trois secondes, précisa l'Africain, éberlué, ce qui déclencha automatiquement le dispositif thermorégulateur de nos vidoscaphes.

— Tonnerre ! s'écria Steinhoff. Vous êtes certain du chiffre ?

— Moins de trente degrés centigrades, confirma elle-même la psychologue. Cette chute soudaine de température n'ayant duré que deux ou trois secondes, la brusque élévation compensatrice de température à l'intérieur des scaphandres nous a donc suffoqués, Pierre et moi. C'est pourquoi nous avons dû stopper les circuits de chauffage. Nous nous sommes effrayés prématurément, j'en conviens, puisque la chute de température extérieure ayant été très brève, la thermorégulation compensatrice aurait été elle aussi de courte durée...

Sylviane s'arrêta net et pâlit. Elle venait seulement de réaliser la signification profonde de ce phénomène.

— Mon Dieu ! Cela veut dire que... le froid glacial, les frissons éprouvés par nos amis étaient réellement étrangers à leur organisme ! Il s'agissait vraiment d'une chute subite de température, d'un phénomène physique purement externe et non point d'une réaction physiologique !

— C'est bien évident, abonda Steinhoff. Si vous et Pierre, par exemple, aviez eu un brusque accès de fièvre accompagné de frissons, le système thermorégulateur du vidoscaphe ne serait pas entré en action. Il est indéniable qu'une brutale chute de température s'est produite dans un rayon d'un mètre à peine de votre scaphandre et c'est l'apparition de ce froid *réel* qui déclencha le contact de vos thermorégulateurs.

— Mais alors, l'épidémie ?

— Elle n'a jamais existé puisque nous avons maintenant la preuve de la nature réellement physique et extérieure de ce froid glacial.

— On ne peut le nier, admit Kaddoura, toutefois, comment la température ambiante pourrait-elle brusquement descendre à moins de trente degrés en un seul point de ce poste de pilotage, par exemple ? Car la chute s'est produite dans un volume d'air de deux ou trois mètres cubes environ, volume dont Sylviane et moi occupions le centre, probablement.

— En effet, cette baisse subite était strictement localisée à votre voisinage immédiat car, pour mon compte, je n'ai rien ressenti, indiqua l'ingénieur allemand. Ce phénomène est en contradiction flagrante avec les lois physiques les mieux établies ! Comment, dans un lieu clos comme cet habitacle où règne une température uniforme de vingt degrés, pourrait-il exister des « zones » glaciales intermittentes où la température descendrait à moins trente degrés centigrades ? Cette différence de cinquante degrés pendant deux ou trois secondes est une chose abracadabrante que ne pourrait expliquer une défectuosité momentanée du dispositif de chauffage.

— Il n'en demeure pas moins, rétorqua Sylviane, qu'une « zone » glaciale se promène depuis près de deux heures d'un bout à l'autre du *Fulgurant !* Car cette « zone », ce « point froid » est essentiellement mobile qui affecte tantôt l'un, tantôt l'autre d'entre nous et n'exerce son action que sur ceux qu'il « frôle » au passage.

— Qu'il *frôle au passage !* marmonna Karl. Vous prêtez à ce phénomène un caractère par trop anthropomorphique, Sylviane.

— Le *Fulgurant* est le théâtre d'événements ou plutôt *d'effets* dont la cause nous échappe et qui prêtent à toutes les suppositions, Karl, objecta-t-elle. Je ne veux établir aucune corrélation formelle entre l'incident mystérieux de la salle de chauffe et ce que nous appelions jusqu'ici une « épidémie de nature inconnue ». Cependant, il est permis de se demander si les deux événements ne sont pas liés, s'il n'existe pas entre eux une relation de cause à effet.

— Sapristi ! Allez jusqu'au fond de votre pensée, Sylviane ! s'impatienta Steinhoff, impressionné.

— Réfléchissez, conseilla-t-elle en s'efforçant de maîtriser sa propre nervosité. A priori, tout a commencé avec l'apparition de ces globes lumineux circulant dans le sub-espace. L'un d'eux parut se matérialiser proche du *Fulgurant* puis il disparut subitement. Peu après, une espèce d'éclair en boule se forme à la pointe de l'antenne radar et glissa le long de l'astronef pour s'évanouir à son extrémité caudale. Nous devions ensuite constater l'incident — resté inexpliqué — de la salle de chauffe. Et c'est dans cette même salle que, pour la première fois, le commandant, Van Hagen et leur équipe furent victimes de la pseudo-épidémie. Concluez vous-même.

— Selon vous, l'astronef globulaire qui s'est approché du nôtre aurait, avant de disparaître, envoyé *une sorte « d'espion »* à bord ? Espion invisible, naturellement.

— Je ne l'affirme pas, Karl, notifia-t-elle prudemment, j'essaie de comprendre en interprétant les faits et les événements déroutants que nous venons de vivre. Et j'admets que si mon hypothèse est vraie, il reste à découvrir comment cet « être » a pu s'introduire à bord du *Fulgurant !* Le sas de décompression n'a pas été ouvert ; sa lampe-témoin ne s'est pas éclairée sur ce tableau de contrôle. Il a donc pénétré à travers les parois blindées de la coque. Disons plus correctement qu'il est immatériel et qu'il peut traverser tous les matériaux dont le *Fulgurant* est constitué.

« Bien sûr, je ne veux pas dire qu'il a réellement franchi l'écoutille de la salle de chauffe, puisque son état immatériel lui permet de traverser les parois en n'importe quel endroit. En se déplaçant, il aura simplement « frôlé » et interrompu les faisceaux détecteurs des cellules photo-électriques placées derrière l'écoutille. Son immatérialité est donc relative et je ne sais trop comment expliquer ce phénomène.

— Un champ de force de nature inconnue pourrait *peut-être* en rendre compte, supputa l'ingénieur allemand, pensif.

— Et ce singulier visiteur est toujours à bord ! murmura Sylviane avec une sensation de malaise. Il était ici même tout à l'heure, car les thermomètres d'ambiance de nos vidoscaphes ont réagi au froid glacial de son « champ de force ». Au fait, un champ de force est-il glacial, habituellement ?

— Quel type de champ de force ? Tout est là, Sylviane. Cet être — si c'en est un — qui visite tranquillement notre astronef, est issu d'une civilisation dont la technique nous est totalement inconnue. Lorsque nous parlons d'un champ de force, nous pensons immédiatement à un champ magnétique ou électromagnétique. Un tel champ, sous certaines conditions fonction de son intensité et du milieu dans lequel il s'exerce, peut engendrer des courants d'induction, lesquels peuvent porter les métaux à de hautes températures sans affecter le corps humain. Mais ici, cet être ou son champ de force provoque tout au contraire une brutale chute de température qui est parfaitement ressentie par notre organisme.

« Selon nos critères ou nos conceptions de la physique, ce champ de force ne peut guère être un simple champ protecteur conférant à cette « créature » une invisibilité totale. Et pour cause : si cet être était *matériel* mais invisible à nos yeux il n'aurait pas pu traverser la coque en super-métal du *Fulgurant*.

— Pourquoi ne pas prêter à cet être la faculté — grâce à son champ de force, éventuellement — de se dématérialiser d'un endroit — l'astronef d'où il vient, par exemple — pour se rematérialiser invisible à bord du *Fulgurant ?*

— Nous échafaudons hypothèse sur hypothèse, Pierre, et pendant ce temps la créature fluidique déambule dans le vaisseau tandis que nos amis placés « en quarantaine » se morfondent ! Il nous faut les rassurer et prendre des mesures urgentes pour découvrir ce que *veut* cet être à défaut de savoir *qui* il est !

*
* *

Délivré de son isolement forcé, le commandant Dutertre avait été l'un des premiers à rejoindre son poste. Mis au courant des déductions perspicaces auxquelles Steinhoff, la psychologue et l'ingénieur radio avaient abouti, le chef pilote laissa aux soins de son second de renseigner très franchement les passagers. Il aurait été ridicule, en effet, de leur cacher la vérité et de les consigner dans leurs cabines ou les dortoirs alors même que l'étrange créature paraissait se jouer des obstacles et des murs de métal pour se manifester librement en n'importe quel point de l'appareil.

Si l'exclusion de l'hypothèse « épidémie » fut accueillie avec soulagement par tous les astronautes, ceux-ci trouvèrent par contre beaucoup moins réjouissante la présence d'un être invisible à leurs côtés !

Lorsque l'ingénieur allemand eut achevé de renseigner par télévisionneur les membres de l'expédition, le commandant Dutertre prit sa place et enchaîna devant la télé-caméra :

— Il n'y a donc lieu ni de vous consigner en un endroit particulier ni de vous alarmer. Jusqu'ici, cette créature invisible s'est contentée de manifester sa présence par un froid glacial, ce qui somme toute n'est pas très méchant ! Néanmoins, comme il est fort désagréable de se savoir observé par un intrus dont on ne connaît même pas l'aspect, nous allons nous efforcer de dépister cet indiscret. Non point pour le chasser — comment, d'ailleurs, nous y prendrions-nous pour chasser ce genre d'ectoplasme ! — mais pour essayer d'obtenir quelques informations sur sa forme et sa constitution, si possible. Les détecteurs polyvalents nous seront peut-être ici d'un grand secours.

« Voici maintenant comment nous allons

opérer. A chaque pont, un groupe de cinq hommes dotés de ces détecteurs visitera l'astronef mètre par mètre. Tous les passagers devront se disperser et se poster de telle sorte que nulle pièce, nulle salle ou dortoir ne reste vide. Ainsi nous augmenterons les chances de localiser plus rapidement l'intrus. Ceux qui éprouveront subitement un froid intense devront alerter sur-le-champ le poste de pilotage, lequel alertera aussitôt l'équipe de recherche opérant sur le pont où la créature aura été signalée.

« Capitaine Van Hagen, envoyez cinq de vos hommes pourvus chacun d'un détecteur polyvalent patrouiller au pont A. Cinq autres viendront me rejoindre au poste de pilotage. Lieutenant Vogel, vous vous chargerez avec cinq de vos TAE des recherches intéressant le pont C. Par mesure de prudence, les trois équipes devront s'armer de fusils à rayonnement thermique, mais elles ne devront éventuellement s'en servir qu'à faible intensité.

« Tous les télévisionneurs disposés dans les coursives, les salles et les cabines du *Fulgurant* vont être branchés afin qu'au poste central une équipe puisse suivre méthodiquement l'ensemble des opérations. Exécution. Terminé.

Dans les minutes qui succédèrent à ces consignes le vaisseau connut un incessant va-et-vient d'hommes d'équipage, de scientifiques, de techniciennes et de techniciens allant occuper chacun le poste qui lui avait été assigné. Les cinq hommes convoqués par le commandant du bord se présentèrent à l'écoutille. L'un d'eux remit à l'officier supérieur un paquet assez volumineux doté d'une courroie permettant de le porter en bandoulière.

Ce détecteur, pourvu d'une quinzaine de commandes — interrupteurs, boutons, volants minuscules et manettes chromées — portait en outre horizontalement un écran de vingt centimètres carrés. Une huitaine de cadrans circulaires ou en demi-lune permettaient de contrôler avec précision les données fournies par les multiples instruments réunis dans le boîtier de ce détecteur vraiment « polyvalent ». Au nombre de ces instruments figuraient un compteur Geiger (avec sa sonde plaquée sur le côté) et toute une série de détecteurs à infrarouges, à ultra-violets, à rayons X, outre des appareils de mesures tels que : pyromètre, bolomètre, spectroscope, télé-thermo-couple et, notamment, un magnétomètre spécial apte à reproduire sur l'écran le spectre magnétique d'un champ déterminé.

L'astronef ionique étant lui-même parcouru par des champs magnétiques, ces détecteurs polyvalents devaient être soigneusement isolés par un dispositif émetteur d'interférences neutralisantes récemment mis au point par un physicien japonais.

Une caméra miniature, enfin, avait pour but de microfilmer les indications fournies par cet ensemble dont la complexité ne le cédait en rien à l'admirable précision.

La première alerte enregistrée au poste central fut donnée par la botaniste Lydia Markridinova. La jeune Russe se trouvait alors en faction dans l'escalier reliant le pont A au pont B lorsqu'elle éprouva brusquement un froid glacial et se mit à grelotter. Immédiatement alertées, les équipes affectées à ces ponts se précipitèrent, l'une à l'entrée, l'autre à la sortie de l'escalier le long duquel, déjà, Gavin Rice et Vera Perego montaient la garde.

L'équipe du commandant Dutertre, au pont B, et celle de Van Hagen au pont A braquèrent immédiatement leurs détecteurs polyvalents vers les marches.

— Commandant ! Nos détecteurs ont réagi !

— Qu'avez-vous observé ? cria le chef pilote en grimpant quatre à quatre les marches sans quitter des yeux l'écran de son appareil.

— La détection était très faible ; une espèce d'ombre mouvante s'est formée sur l'écran durant quelques secondes puis cela a disparu.

Dans les haut-parleurs disposés tout au long du vaisseau de l'espace, la voix de Karl Steinhoff retentit :

— La créature est signalée au pont A, proche de la cabine insonorisée du troisième *juke box.*

— Envoyez deux hommes, capitaine, ordonna Dutertre. Il est inutile que nous nous précipitions tous ensemble au même endroit car, en procédant de cette façon, la partie de cache-cache pourrait durer longtemps.

On entendit les deux TAE s'éloigner au pas de course en martelant de leurs bottes le parquet de métal puis, avant même qu'ils n'aient pu atteindre la *Relax Room,* le poste central communiqua :

— Le lieutenant Vogel signale la créature au pont C, dans la coursive menant aux soutes.

— C'est un véritable « yo-yo », ce machin-là ! bougonna l'officier supérieur. Il passe successivement du pont A au pont C en traversant les parquets et parois de métal aussi facilement que nous traverserions de la fumée !

— La créature est signalée par Faugeas, toujours au pont C, mais au poste d'observation de la salle de chauffe.

A la voix de Steinhoff succéda aussitôt celle de Sylviane Beauchamp, installée devant un autre groupe d'écrans :

— Pont A, réfectoire, près du monte-charge... Le capitaine Van Hagen paraît avoir détecté correctement la créature. Parlez, capitaine, vous êtes relié au réseau central.

— Merci. Trois de nos détecteurs ont décelé la « chose », expliqua-t-il. Elle ne présente aucune forme définie sur l'écran et ressemble à une sorte d'étoile de mer aux branches irrégulières mouvantes. Tout a été si fugitif que nous n'avons pas pu en distinguer avec précision les détails. Il faut espérer que les micro-caméras de nos détecteurs auront pu en obtenir de bons clichés.

« D'après la position que nous occupions au moment de la détection, il semble que la créature a disparu dans ou à travers le monte-charge. L'un de mes hommes a même eu l'impression d'apercevoir une faible lueur, sous le panneau fermant la cage du monte-charge.

— Une lueur ! s'exclama le commandant Dutertre. Bon sang ! ce machin ou son champ de force est peut-être visible dans l'obscurité ! Nous raisonnons toujours en terriens et, tout naturellement, nous faisons de la lumière pour découvrir ce que nous recherchons. Rien ne nous dit que cette créature n'engendre pas une sorte d'ionisation autour d'elle, trop faible pour être visible en pleine lumière.

Il courut vers le télé-interphone mural et appela le poste de pilotage :

— Steinhoff, signale à tous les occupants du pont B que l'éclairage va être coupé sur l'ensemble du pont. Les bonds désordonnés de la créature du pont supérieur au pont inférieur et de la poupe à la proue semblent indiquer qu'elle se sait sinon découverte du moins décelée. Les indications obtenues par l'équipe de Van Hagen peuvent nous mettre sur la bonne voie. En effet, prenons par exemple un corps chaud, un fer à repasser ou un radiateur de chauffage central. Ces corps émettent des radiations infrarouges que nous ne voyons pas mais dont nous percevons le seul effet thermique. Un détecteur infrarouge, lui, révélera parfaitement autour de ces objets le halo du rayonnement invisible à l'œil nu.

« Il en va probablement de même avec cet être dont le champ de force produit sur nous un froid glacial sans que nous puissions en distinguer visuellement la source. Ce rayonnement invisible à la lumière nous sera peut-être révélé dans l'obscurité. Coupe l'éclairage du pont B, Karl, à l'exception des plaques et rampes lumineuses des serres à chlorella.

L'ingénieur allemand exécuta l'ordre et l'ensemble du pont B fut bientôt plongé dans l'obscurité. Seuls les écrans opalescents des détecteurs portés en bandoulière par Dutertre et ses hommes luisaient faiblement. Dans le poste de pilotage, tous les écrans télévisionneurs branchés sur l'ensemble du pont B s'étaient obscurcis. Mais au bout de cinq à six secondes à peine, l'un d'eux présenta une curieuse luminescence bleuâtre douée de pulsations rythmiques.

— La créature est visible dans l'obscurité ! lança Karl d'une voix hachée. Elle se déplace lentement le long de la coursive numéro Un, parallèle à celle que vous occupez, commandant, mais au-delà du dortoir commun... Elle traverse maintenant la paroi du dortoir et semble vouloir se diriger vers la paroi opposée. Si elle ne modifie plus sa direction, vous devez pouvoir l'observer lorsqu'elle émergera du mur droit pour traverser votre coursive.

— A quoi ressemble-t-elle, Karl ?

— Difficile à dire. L'image est floue, sa source lumineuse très faible. A moins qu'en fait d'image il s'agisse d'un écho, d'une perturbation des caméras électroniques imputable au champ de force glacial.

« Tiens ! s'exclama soudain l'ingénieur allemand, penché au-dessus des écrans sur lesquels il suivait la progression de l'étrange apparition. La « chose » a brusquement fait un écart, on aurait dit qu'elle bondissait vers la gauche, comme pour éviter un obstacle à peu près au centre du dortoir.

— Où est-elle ? questionna Dutertre en s'approchant à tâtons du télé-interphone dont il s'abstint de brancher l'écran.

— Elle est toujours dans le dortoir commun, derrière la paroi formant le mur droit de votre coursive, mais je serais incapable de dire à quel endroit précis elle se trouve. Probablement vers le milieu du mur.

— Le milieu du mur droit ? répéta l'officier, troublé. C'est-à-dire à quelques mètres des canalisations *chauffantes* où circule le flux central venant de l'échangeur de température situé dans la salle du réacteur !

— Possible, admit Steinhoff qui lui aussi comprenait où le chef pilote voulait en venir. La créature aurait donc *évité*, en faisant un saut de côté, la zone chaude des canalisations. Pourtant, leur eau n'est portée qu'à cinquante degrés et la température ambiante du dortoir n'excède pas vingt degrés. Celle du parquet lui-même, au-dessus des canalisations principales, n'est pas supérieure à vingt-cinq degrés.

— Minimes pour nous, ces écarts de température peuvent présenter un grave danger pour cette créature, fit valoir le commandant Dutertre. Au surplus, nos parquets et cloisons de métal ne constituent pas le moindre obstacle pour elle. Dans ces conditions, elle ressent peut-être directement la chaleur qui règne à l'intérieur même des canalisations chauffantes, savoir une cinquantaine de degrés centigrades. Cette température serait donc excessive pour son « organisme ».

— Comment, si cette créature est aussi sensible à la chaleur, saurait-elle résister aux centaines de millions de degrés qui règnent au cœur du réacteur de fusion dont la tubulure n'est pas davantage un obstacle pour elle.

— Tu oublies le champ coercitif qui comprime les réactions de fusion et les isole des parois, rétorqua judicieusement l'officier supérieur. Si ce barrage magnétique s'oppose au passage du formidable rayonnement thermonucléaire, il est également infranchissable pour cet être fluidique enveloppé d'un champ de force.

Un plan germa peu à peu dans son esprit ; Dutertre supputa soigneusement les dangers qu'il pouvait présenter pour la mystérieuse créature puis il finit par en exposer les grandes lignes à son ami :

— Karl, tu vas à mon signal éclairer la première cabine, c'est-à-dire la plus grande du pont B. Si pour cet être nos matériaux sont quasi inexistants — ne les traverse-t-il pas sans la moindre difficulté ? — il est logique de penser qu'il verra, disons plus évasivement qu'il « décelera » la lumière ou son faible rayonnement infrarouge à travers les cloisons séparant le dortoir de cette cabine. Il s'y réfugiera puisqu'il se sait invisible pour nous à la lumière. Eclaire cette cabine, Karl.

— Voilà, acquiesça l'ingénieur allemand. Sapristi ! La faible luminescence bleuâtre que nous distinguions sur l'écran du dortoir s'est brusquement déplacée en direction de la cabine éclairée, puis elle a disparu !

— C'est bien ce que je pensais ! jubila Dutertre. Elle a marché à fond et se croit maintenant à l'abri de nos regards. Branche-moi sur le circuit général de diffusion, Karl ; nous allons la coincer afin de voir de près à quoi elle ressemble.

— Circuit branché.

— Merci. Appel général aux TAE qui ne font pas partie des équipes de détection. Que chacun de vous se munisse d'un fusil à rayons thermiques. Par groupes de cinq, postez-vous dans la cabine Un du pont A et dans la cabine Un du pont C. Le groupe du pont A occupera les quatre angles inférieurs de la cabine Un tandis qu'un homme se placera au milieu du parquet.

« Quand tous les effectifs des autres ponts se seront mis en place, à mon commandement, vous, groupes du pont A, braquerez vos armes thermiques vers le parquet, lequel constitue le plafond de la cabine où nous avons isolé la créature. Température de rayonnement réglée à cinquante degrés seulement.

« Appel à l'équipe pont C. Même consigne qu'à la précédente avec la différence, toutefois, que les fusils devront être ici dirigés vers le plafond qui n'est autre que le parquet de la cabine supérieure. Ainsi, le « barrage thermique » du parquet et du plafond de la cabine Un du pont B est assuré. Préparons maintenant le « barrage » des parois latérales de cette cabine.

Après avoir donné des ordres en conséquence aux diverses équipes, il acheva :

— La surface totale de cette cabine recevra donc à point donné un faisceau de rayonnements thermiques à cinquante degrés. Négligeable pour nous, cette température doit pouvoir interdire toute fuite à la créature que nous pourrons alors examiner, ou du moins regarder, à notre aise.

« Chaque groupe devra signaler son arrivée et sa mise en place et attendre les ordres. Exécution.

Il s'écoula une trentaine de minutes avant que les TAE des deux sexes aient pu, dans les ténèbres les plus complètes, s'armer et gagner leurs postes respectifs. Les chefs de groupe, l'un après l'autre, indiquaient leur mise en place par interphone au commandant Dutertre. Avec cinq hommes, le chef pilote était allé se poster à l'extrémité du dortoir, face au mur de la cabine Un.

— A mon commandement, déclenchez l'émission du rayonnement à cinquante degrés. Faites décrire à vos armes une rotation de un mètre de rayon afin d'irradier uniformément les surfaces. Prêts ? Tirez !

Un long crépitement monta dans le silence tandis que les trente fusils cernant de toutes parts la cabine Un crachaient leur faisceau mauve. Le métal des cloisons, du parquet et du plafond fut en quelques secondes porté à cinquante degrés. La rotation imprimée aux armes thermiques arrosait la cabine sur toute sa surface afin que nulle zone ne restât à une température inférieure.

— Steinhoff ? La créature a-t-elle quitté la cabine Un ?

— Non, commandant. Les coursives, le dortoir où vous êtes et les autres pièces obscures ne révèlent aucune lueur bleuâtre. Elle est donc bien prisonnière, de toutes parts encerclée par le barrage thermique.

— Parfait. Je vais entrer dans la cabine et sitôt que j'aurai refermé sur moi l'écoutille, tu éteindras ; je ne serais pas fâché de voir enfin — dans l'obscurité ! — à quoi ressemble cet être bizarroïde.

A tâtons, l'officier ouvrit l'écoutille. La lumière l'aveugla cependant qu'il recevait une bouffée d'air surchauffé. L'index sur la détente de son arme, il referma derrière lui l'écoutille. Rien dans cette pièce ne pouvait laisser supposer qu'un être originaire d'un autre monde se cachait, éprouvant peut-être la même angoisse qu'un animal pris au piège.

Dutertre ferma les paupières pendant une dizaine de secondes. En tâtonnant, il abaissa le contacteur du télé-interphone placé à droite de l'entrée et ordonna :

— Eteins, Karl.

Il garda les yeux fermés quelques secondes encore pour réaccoutumer sa vue à l'obscurité puis il les rouvrit. Presque immédiatement il aperçut, au milieu de la cabine, une luminescence bleuâtre, ovoïde d'environ un mètre cinquante dans son plus grand diamètre. D'une zone centrale opaque rayonnaient six branches lumineuses qui s'étiraient ou ondulaient, un peu à la manière d'une gigantesque étoile de mer ou d'une pieuvre. La rotation de ces « tentacules » se ralentissait parfois et l'on voyait alors leur axe s'assombrir.

Assez impressionné par ce spectacle peu orthodoxe, le commandant Dutertre baissa les yeux sur l'écran de son détecteur polyvalent. La créature insolite s'y inscrivait avec une rare netteté, offrant beaucoup plus de détails qu'à l'œil nu. C'est ainsi qu'on pouvait distinguer une série de filaments vibratiles reliant entre eux les rayons mouvants de cette ellipse lumineuse.

— Tout va bien, commandant ?

— Tout va bien, Karl, mais il fait ici une chaleur d'étuve ! L'image est-elle nette sur vos écrans ?

— Nous apercevons une sorte de pieuvre ou d'étoile de mer phosphorescente suspendue dans l'air, vraisemblablement à équidistance des murs, du parquet et du plafond.

— Oui, la créature se maintient dans l'axe de la pièce, très certainement pour se protéger un tant soit peu du rayonnement thermique qui l'enveloppe de toutes parts.

Le halo lumineux et ses branches mobiles émirent brusquement de violentes pulsations. L'étoile tournoya sur elle-même puis, graduellement, diminua de volume, son diamètre passant d'un mètre cinquante à un peu moins d'un mètre. Sa luminosité s'était également réduite de moitié.

— A toutes les équipes encerclant la cabine Un : ramenez la température du rayonnement à trente degrés. J'ai l'impression que notre hôte est en mauvaise posture ! Augmente la ventilation de la cabine, Karl.

Un léger ronronnement vint s'ajouter aux crépitements plus faibles des fusils thermiques. L'ellipse lumineuse enfla graduellement et la rotation saccadée des bras s'accéléra peu à peu sur un mode plus régulier.

— Ça a l'air d'aller mieux, commenta l'officier. Une chose m'intrigue, toutefois. Cette créature ne peut pas ne pas être douée d'intelligence ; elle a donc obligatoirement compris que nous l'avions prise au piège en l'enveloppant de tous côtés par la chaleur. Or, pourquoi n'a-t-elle rien tenté pour se défendre lorsqu'elle a commencé à ressentir une élévation de la température ambiante ?

— Est-elle seulement capable de se défendre ? rétorqua la voix de Sylviane Beauchamp. Possède-t-elle une arme ou un moyen défensif naturel ?

— Il serait vain, je crois, de le lui demander, fit Dutertre sur un ton rasséréné. Nous allons essayer de lui témoigner nos bonnes intentions ; peut-être saura-t-elle interpréter ce geste « humain » ? A toutes les équipes qui encerclent la cabine Un : stoppez l'émission des rayonnements thermiques et ne la reprenez éventuellement qu'à mon commandement. Karl, active la ventilation de la pièce pour rabaisser la température à plus dix degrés seulement.

Le crépitement des fusils thermiques cessa tandis que les bouches d'aspiration et les injecteurs d'air réglés à 10° C entraient en action. Sous le parquet de la cabine la température des canalisations chauffantes fut réduite en proportion et, bientôt, le thermomètre fluorescent oscilla autour de 10° C.

L'étrange créature luminescente augmenta

rapidement de volume, s'étira en hauteur et en épaisseur pour prendre la forme d'un octaèdre haut d'environ deux mètres. Ce singulier volume géométrique descendit lentement et sa pointe inférieure vint toucher le sol où elle parut s'écraser. Au cœur de ce polyèdre, l'étoile à six branches irrégulière se contracta et se détendit alternativement une dizaine de fois puis elle décrivit en tous sens diverses rotations, ses extrémités touchant successivement les plans supérieurs et inférieurs de l'octaèdre. Ces mouvements complexes s'accompagnaient d'une série de pulsations lumineuses rythmiques.

— Karl, as-tu distingué le processus de cette métamorphose ?

— Assez bien, oui. La créature est passée du stade « ellipse » à deux dimensions à celui d'un volume octaédrique. C'est peut-être là sa façon de nous remercier de ne pas l'avoir fait rôtir ! plaisanta-t-il.

Dans la cabine Un, sous les yeux du commandant Dutertre, la créature insolite fut soudain parcourue par une vibration silencieuse qui affecta l'ensemble de sa surface. Celle-ci ondulait, se déformait cependant que l'étoile axiale tourbillonnait à une vitesse grandissante. Lorsque l'étoile ne fut plus qu'une sphère de lumière bleuâtre, un petit bruit retentit dans la cabine, bruit mat d'un objet tombant et roulant sur le parquet métallique. Dutertre crut un instant qu'un bouton de commande du détecteur s'était détaché. Il palpa l'appareil et constata qu'aucune commande ne manquait.

La créature fluidique, avec des pulsations et des contractions de méduse s'éloigna vers le fond de la cabine. A l'endroit qu'elle venait de quitter, Dutertre remarqua, sur le sol, la présence d'un petit objet irradiant une magnifique phosphorescence bleuâtre. Il fit quelques pas et s'agenouilla pour mieux distinguer la forme brillante. Son étonnement fut grand lorsqu'il reconnut une espèce de cristal octaédrique dont la limpidité bleutée répandait une vive luminescence.

Avec circonspection, l'officier débloqua la sonde du compteur Geiger et l'approcha de l'octaèdre en fixant l'un des cadrans du détecteur faiblement éclairé par une micro-lampe. L'aiguille frémit sans aller au-delà des graduations en milliroentgens, attestant ainsi l'absence de radioactivité propre à l'énigmatique objet.

— Que se passe-t-il, commandant ? s'inquiéta Steinhoff.

— Rien de grave, apparemment. La créature vient de pondre un octaèdre nain, un genre de cristal bleuté, très luminescent mais dépourvu de radioactivité.

Ce fut la voix du biologiste anglais qui éclata dans le haut-parleur :

— N'y touchez pas, commandant ! Cette matière est peut-être toxique pour notre organisme.

— Merci du conseil, Brewster. De toute façon, ironisa-t-il, je n'avais pas la moindre envie d'y toucher. Venez donc en prendre livraison et munissez-vous naturellement d'une pince et d'une boîte métallique. Vous pourrez l'examiner avec Rice avant de la confier à notre biochimiste qui en effectuera l'analyse.

« Karl ! appela-t-il vivement. La créature est en train de traverser le mur droit de la cabine.

Effectivement, le volume octaédrique paraissait se fondre au contact de la cloison de métal. Il s'évanouit à travers la paroi et la pièce fut alors plongée dans les ténèbres. Attentif à ses écrans, l'ingénieur allemand la vit apparaître dans la coursive longeant la cabine Un. La forme lumineuse donna l'impression de sauter d'un écran à un autre, laissant sur la noirceur du verre une rémanence claire évanescente. Ce « fantôme » persista durant deux ou trois secondes puis les écrans alignés ne montrèrent plus que les ténèbres du pont B.

Sylviane Beauchamp et Pierre Kaddoura poussèrent soudain une exclamation de surprise. A travers le dôme transparent, l'extraordinaire créature venait d'apparaître, semblant flotter dans l'éternelle opacité du sub-espace, à faible distance de l'astronef. Steinhoff brancha rapidement le télévisionneur panoramique sur l'écran de la cabine Un pour permettre au chef d'expédition d'observer lui aussi la nouvelle phase du phénomène.

La forme géométrique lumineuse se rétrécit graduellement et prit l'aspect d'une sphère de dimension réduite qui flotta puis se posa sur le nez conique du *Fulgurant*. L'étincelle globulaire qui, dans le courant de la « nuit », était apparue à la pointe de l'antenne radar scintilla de nouveau et se précipita sur la sphère lumineuse dans laquelle elle se fondit. Il y eut un éclair bleuâtre et l'être polyédrique devenu sphérique bondit dans le sub-espace et rapetissa. Il s'évanouit peu à peu, comme entraîné par la grosse étincelle venue se fondre dans sa masse un instant auparavant.

« Drôle de particulier », songea Pierre Kaddoura, déconcerté.

— Lumière, Karl, ordonna le commandant Dutertre après avoir suivi sur le petit écran du télé-interphone la seconde métamorphose et la fuite de la créature inconnue.

Le biologiste anglais et le géophysicien américain pénétrèrent dans la cabine Un maintenant éclairée. Muni d'une longue pince brucelle, Brewster s'empara délicatement du petit octaèdre cristallin et le déposa dans une boîte métallique nickelée.

— Vernet est déjà au labo, commandant, fit-il savoir en empochant la boîte. Nous allons effectuer l'analyse ; voulez-vous y assister ?

— J'y compte bien ! Je suis même impatient de savoir ce que nous montrera — sous le microscope — ce rejeton *matériel* de notre visiteur fluidique ! Nous rattraperons notre sommeil la nuit prochaine.

Parvenus au pont C, ils pénétrèrent dans le spacieux laboratoire aux murs tapissés d'une matière plastique blanche. Longues et étroites, ses tables étaient fixées par leurs pieds au parquet. Des armatures, des potences et des supports de toutes sortes assuraient la stabilité de chaque instrument ou appareil de verrerie. Remarquablement équipé, ce laboratoire possédait en outre des microscopes optiques, une balance moléculaire sous la cloche à vide et, encastré dans le mur de métal, un imposant microscope protonique haut de trois mètres hérissé de commandes, de câbles annelés et d'instruments de contrôle.

Eminent biochimiste âgé tout au plus de trente-cinq ans, le professeur Vernet achevait d'enfiler une blouse blanche lorsque arrivèrent le commandant Dutertre et ses compagnons.

— Alors, comment se porte-t-il ce « nouveau-né » qui nous tombe des nues ?

— C'est à vous, professeur, qu'il incombera d'établir son bulletin de santé !

Le biologiste anglais posa sur une table la boîte nickelée et il en ôta le couvercle. Soudain, les quatre hommes se penchèrent vivement sur la boîte dans laquelle, sans erreur possible, se trouvaient maintenant deux cristaux octaédriques bleutés.

CHAPITRE VII

Vernet considéra tour à tour le commandant Dutertre et son collègue britannique, visiblement décontenancés, puis :

— Mais ce sont des « jumeaux » ! Etes-vous certain qu'il n'y avait qu'un seul cristal, commandant ?

— Un peu ! s'exclama-t-il, abasourdi. Brewster est là pour en témoigner.

L'Anglais inclina affirmativement la tête cependant que le biochimiste concluait :

— Dans ce cas, l'explication est — superficiellement — très simple : ce cristal octaédrique découvert il y a un quart d'heure environ a, depuis lors, donné naissance à un second cristal ! La chose en soi est assez banale, certains cristaux ayant la propriété de se reproduire s'ils sont placés dans un milieu favorable à leur prolifération. Ce qui me choque, ici, c'est d'abord la grosseur, le gigantisme de ces cristaux à « élaboration » rapide par rapport à ceux que nous connaissons. Et c'est surtout, en l'absence de tout milieu vital, leur faculté de se reproduire.

— Peut-on parler pour eux d'absence de milieu ? objecta Brewster. Nous sommes en présence d'un *être* ou d'une « déjection » cristalline provenant d'une créature immatérielle selon le témoignage de nos sens limités. Cet être ou ce cristal peuvent fort bien évoluer et se reproduire dans une infinité de milieux, tel que l'air que nous respirons.

— D'ailleurs — mise à part sa crainte de la chaleur — cet être n'évoluait-il pas à son aise aussi bien à bord du *Fulgurant* qu'au sein du sub-espace ? Il y a là une énorme différence de milieux.

— Selon vous, commandant, questionna Brewster, la créature fluidique et son rejeton cristallin pourraient, après une période d'accoutumance, se reproduire dans une grande diversité de milieux ?

— C'est là une pure hypothèse et l'avis de notre ami Vernet sera beaucoup plus valable.

— Gardons-nous d'élaborer des systèmes et des théories basés sur des observations insuffisantes ; les résultats nous mèneraient à des désillusions. Je n'en veux pour exemple que les Roches Plastiques de Vénus, lesquelles pendant des années passèrent pour être des minéraux à l'état plus ou moins fluide. Or, vous connaissez la suite : il s'agissait bel et bien d'êtres vivants tenant à la fois du minéral et du végétal. Leur métabolisme, extrêmement lent, différait fondamentalement de tout ce que nous savions — ou croyions savoir — en matière biologique.

« L'analyse de ces « cristaux vivants » peut

donc nous réserver des surprises mais exiger aussi beaucoup de temps.

— Nous avons de la chance d'en posséder deux exemplaires et de pouvoir de la sorte en sacrifier un aux fins d'analyse, se réjouit Gavin Rice en saisissant un cristal avec sa pince brucelle.

A la lumière d'un projecteur à lentille de Fresnel, il observait par transparence l'étonnant octaèdre bleuté. D'étranges reflets scintillaient, mauve clair ou vert émeraude, à ses angles et à ses arêtes. Eloigné de la source lumineuse, il reprenait sa limpidité bleutée. Le géophysicien l'engagea entre les mâchoires alvéolées d'un étau, mâchoires enrobées de matière plastique protectrice assurant une solide fixation au cristal sans pour cela l'endommager. Assis devant l'étau surmonté d'une grosse loupe à bras articulé, Rice tenta d'érafler l'une des facettes à l'aide d'une pointe extrêmement aiguë. L'acier ne laissa aucune marque sur le cristal bleuté, même lorsque la pointe exerça une pression beaucoup plus forte. Gavin prit alors un tamponnoir acéré durci aux ultrasons avec lequel il refit l'expérience sans obtenir la moindre marque. Déconcerté, ce fut avec un marteau de minéralogiste qu'il frappa sur le manche du tamponnoir. Las, ce traitement énergique n'érafla même pas le cristal.

— Vous devriez essayer avec le marteau-pilon de l'atelier de réparation, suggéra le commandant Dutertre, ironique. Il ne développe que vingt-cinq tonnes !

L'Américain haussa les épaules et abandonna ses outils :

— Je veux étudier sommairement sa dureté et non pas le réduire en poussière !

Sur ces entrefaites, Sylviane et la physiologiste Vera Perego entrèrent dans le laboratoire. Ayant renoncé, comme chacun des passagers du *Fulgurant* d'ailleurs, à passer le restant de la « nuit » dans leur cabine, elles avaient revêtu leurs collants bleu clair.

Un claquement sec suivi d'un choc métallique derrière elles les fit brusquement tressaillir. Les jeunes filles et leurs compagnons se retournèrent avec une certaine brusquerie et un moment s'écoula avant qu'ils ne comprissent l'origine de ces bruits insolites. Gavin Rice jeta une exclamation et s'approcha précipitamment d'une table. L'étau en acier entre les mâchoires duquel était emprisonné l'un des cristaux avait été rompu net à la base de sa mâchoire extérieure ! Sur le sol, non loin du morceau d'acier, se trouvaient maintenant *deux* cristaux octaédriques bleutés.

Le second cristal, posé sur la platine d'une loupe binoculaire, se mit à osciller. Puis, avec un crissement sec, il se dédoubla littéralement et le nouveau cristal bascula de la platine pour rouler sur la table encombrée de verrerie.

— Ils se reproduisent donc naturellement, sans l'intervention d'aucun agent chimique ? s'étonna la jeune Italienne.

— Incroyable, murmurait le géophysicien en examinant l'étau dont l'acier avait cédé. Le métal s'est rompu net sous la prodigieuse poussée exercée par l'octaèdre lors de son dédoublement. De quelle matière super-résistante est formé ce cristal pour qu'il ait pu, en donnant naissance à une fidèle réplique de lui-même, casser aisément cet étau ?

— La poussée exercée entre ses mâchoires par cet être cristalloïde doit se chiffrer par plusieurs quintaux au centimètre carré ! songea tout haut le commandant Dutertre.

— Un quart d'heure, annonça pensivement Brewster, c'est là le temps nécessaire à ce cristal pour se scinder en deux et former un cristal nouveau. Donc, dans un quart d'heure, logiquement, ces quatre cristaux auront donné naissance à huit cristaux, lesquels au bout de quinze minutes auront formé seize cristaux ; ces derniers en formeront trente-deux dans le même laps de temps et ainsi de suite.

— Eh là ! s'écria Dutertre, où voulez-vous les mettre, ces foutus cristaux ? A ce régime-là, le *Fulgurant* éclatera sous leur fantastique poussée avant que nous soyons sortis du sub-espace !

— Voyons, commandant, ne m'en rendez pas responsable ! répliqua Brewter en riant. A priori, il n'y a aucune raison pour que cette effarante multiplication ne s'arrête, mais cette éventualité même ne doit pas nous affoler. Il suffirait, le cas échéant, de rejeter ces cristaux envahissants dans le sub-espace par l'intermédiaire du sas à décompression.

— Joli cadeau que nous a fait là cet être fluidique, pesta le chef pilote. Si, venant de sa part, c'est un geste de gratitude, il aurait aussi bien pu nous offrir un cristal « stérile » au lieu de nous donner un candidat au Prix Cognac !

— Malgré ces rejetons nombreux en perspective, nous ne savons rien de leur géniteur, remarqua Brewster. D'où venait cet être formé ou nimbé d'un champ de force glacial ? Pourquoi s'est-il manifesté dans notre vaisseau ?

— Pour nous observer, naturellement, et pour étudier sans doute aussi le *Fulgurant.*

— Soit, convint la jeune psychologue, mais dans quel but nous a-t-il laissé ce singulier présent ? Sommes-nous autorisés à voir dans cette « gestation » un témoignage de reconnaissance de cette créature immatérielle pour l'avoir épargnée dans la cabine Un ? La reconnaissance, la gratitude ont-elles seulement une signification pour elle ?

« Et puis, nous parlons d'un être, d'une créature vivante et pensante alors qu'il s'agit peut-être d'un engin, d'une machine émettant un faisceau exploratoire ayant pour objet d'étudier la structure et les organes de notre cosmonef ainsi que l'aspect de ses occupants.

— Cette hypothèse est également valable, admit le commandant Dutertre, mais elle ne fait que déplacer le problème. Si ce champ de force polyédrique est uniquement une machine, un appareil « dématérialisé » chargé de nous espionner ou simplement de nous examiner, *qui,* quels êtres pensants l'ont conçu et envoyé à bord du *Fulgurant ?*

Pour la quatrième fois, sous les yeux captivés des quatre hommes et des deux jeunes filles, les cristaux, maintenant au nombre de trente-deux, venaient de se dédoubler pour donner un total de soixante-quatre octaèdres. Tout en bavardant avec ses compagnons, le professeur Vernet s'était livré à divers essais chimiques sur l'un d'eux sans avoir pu toutefois attaquer sa substance. Ni les acides, ni les liquides alcalins, ni la flamme d'un chalumeau au fluorure atteignant 3 900° ne parvinrent à dissoudre ou à consumer ces cristaux. Inattaquables et inaltérables, ils paraissent être indestructibles.

Cette insensibilité totale, cette absence de réaction sous le chalumeau était d'autant plus curieuse que l'être fluidique, lui, se montrait terriblement vulnérable à la chaleur. Le champ de force, mis en évidence autour de chaque cristal par le magnétomètre, se manifestait d'une manière très irrégulière, son intensité et la direction de ses lignes de force variant constamment.

Un nouveau quart d'heure — le sixième depuis le début du phénomène de « prolifération » — s'était presque écoulé et chacun rivait ses regards sur les soixante-quatre cristaux octaédriques disposés en une seule rangée au milieu de la table.

Dans le silence du laboratoire insonorisé on distingua bientôt une série de petits crissements, à peine audibles, cependant que certains des soixante-quatre cristaux commençaient à osciller tout en perdant graduellement de leur limpidité. Les cristaux présentant ces signes annonciateurs d'une bipartition prochaine émirent un halo bleu sombre qui noya rapidement leur forme géométrique.

— Bizarre, murmura le professeur Vernet. Ce phénomène n'affecte que seize cristalloïdes et non point leur ensemble.

Les halos disparurent spontanément et seize octaèdres basculèrent sur la table en prenant aussitôt la même limpidité bleutée que celle de leurs « géniteurs ».

— Les autres sont en retard, fit Rice.

— Et pourquoi n'auraient-ils pas renoncé à agrandir davantage le cercle de famille ?

— Nos processus de raisonnement — toujours teintés d'anthropomorphisme — sont assez amusants, sourit la psychologue. A travers notre seule optique du moment, il nous faut invariablement forger des hypothèses pour expliquer à tout prix les phénomènes qui échappent à notre compréhension ou à notre intelligence discursive. Nous attendions de ces soixante-quatre cristalloïdes qu'ils respectent leur faculté de bipartition et nous donnent soixante-quatre spécimens nouveaux, savoir un total de cent vingt-huit. Or, voilà que seize d'entre eux seulement ont bien voulu obéir à la règle, du moins avons-nous hâtivement décrété qu'il s'agissait là d'une règle. Ainsi, à la place des cent vingt-huit cristalloïdes attendus nous n'en avons obtenus que quatre-vingts.

« Patientons encore une heure ou deux, c'est-à-dire quatre ou huit nouvelles « périodes de gestation » avant de songer à tirer des conclusions.

*
* *

A 9 h 30 du matin (heure de bord, naturellement), en présence de tous les occupants de l'astronef convoqués dans la *Relax Room*, le commandant Dutertre achevait de présenter la synthèse des événements survenus dans le courant de la nuit.

La prolifération des cristalloïdes s'était inexplicablement arrêtée à quatre-vingts spécimens. Ceux-ci avaient été disposés en un tas étincelant au milieu de la longue table placée sous l'écran de projection. Derrière cette table, le chef de l'expédition cosmique abordait maintenant la conclusion de son exposé.

— Ainsi, ces cristalloïdes que nous avons, gratuitement peut-être, baptisés « cristaux vivants » ont interrompu leur prolifération ce matin à 5 h 15. Déjà, à 5 heures, seize cristaux seulement sur soixante-quatre ont été le siège d'une bipartition, portant alors le nombre total des octaèdres à quatre-vingts. Depuis, aucune nouvelle « naissance » n'a été enregistrée.

Il joua machinalement avec certains cristaux épars à la base du tas sur lequel la lumière accrochait des reflets irisés puis :

— Apparemment, ces volumes géométriques paraissent actuellement stabilisés. Si nous les assimilons à un règne vital inconnu, il est permis de dire qu'ils présentent maintenant une inertie correspondant, soit à une période de repos ou de transition peut-être, soit à un état de mort ou de léthargie.

« Mais, se hâta-t-il d'ajouter, ce sont moins là

des résultats définitifs que de simples observations provisoires. Lorsque nous retournerons sur la Terre, il est possible que des laboratoires infiniment mieux équipés que le nôtre parviennent à analyser ces...

Il retira d'un geste vif sa main qui jouait avec les cristalloïdes entassés sur la table et regarda ses doigts avec une certaine inquiétude. Dans la vaste salle de relaxation, les passagers s'interrogeaient, perplexes.

— Excusez-moi, prononça Dutertre en coulant un regard circonspect aux cristaux luminescents. Au contact de mes doigts, ces polyèdres sont devenus brusquement glaciaux ! Ils étaient pourtant, une seconde plus tôt, presque à la température ambiante.

La petite pyramide formée par les octaèdres devint graduellement plus lumineuse. Elle émit peu à peu un splendide éclat blanchâtre comparable à celui d'un arc électrique mais de moindre intensité Les cristalloïdes s'écartèrent lentement les uns des autres, se jouant de la pesanteur et donnant ainsi l'impression, dans leur mouvement d'ensemble, que la pyramide augmentait de volume.

Avec lenteur, ils s'écartèrent davantage, tout comme sous l'effet d'une répulsion réciproque. Echappant complètement à l'action de la pesanteur artificielle entretenue au sein de l'astronef, ils paraissaient flotter en suivant chacun une ligne différente issue d'un centre commun.

Le commandant Dutertre quitta prudemment son siège et s'éloigna de la table en fixant avec inquiétude les cristalloïdes luminescents qui s'éparpillaient de plus en plus. Leur groupe flottant n'avait plus rien d'une pyramide. Soudain, l'expansion s'accéléra et les octaèdres se dispersèrent, rompant leur agglomération lâche mais ovoïde pour se diriger vers les passagers rassemblés dans la *Relax Room.*

Voyant venir vers lui l'un de ces « cristaux volants », le chef pilote sauta de l'avant-scène et rejoignit les membres de l'expédition peu rassurés. Les cristalloïdes bleutés n'en poursuivirent pas moins leur avance. Après quelques secondes d'hésitation, les passagers succombèrent à la panique et se ruèrent vers les écoutilles en bousculant ou renversant des sièges aux pieds magnétiques.

Il se produisit alors un phénomène ahurissant : avec une rapidité foudroyante, les polyèdres fondirent comme des frelons sur les astronautes. Malgré l'indescriptible confusion qui régnait parmi les hommes et les jeunes femmes épouvantés, les cristaux, tels des projectiles traçants animés d'une étourdissante vitesse, vinrent stopper net leur trajectoire à un centimètre du front de chaque passager.

Sur le moment, ceux-ci ne comprirent pas pourquoi la mort les avait épargnés. Ils avaient un instant fermé les yeux, esquissé avec leurs bras un instinctif geste de protection. Pendant une dizaine de secondes, aux cris angoissés avait succédé un silence écrasant puis, graduellement, les respirations — haletantes — reprirent. L'un après l'autre, les occupants de l'astronef courbés ou figés par la peur recouvrèrent l'usage de leurs membres. Il y eut des toussotements, des bruits de gorge et, dans le brouhaha naissant s'éleva un concert d'exclamations.

Eberlués, frappés de saisissement, les passagers venaient de découvrir réciproquement sur leur front — ou plutôt à un centimètre de leur front — un cristal octaédrique nimbé d'une douce luminescence bleutée.

Le grand écran télévisionneur s'éclaira soudain, cadrant en gros plan la cabine de pilotage dans laquelle l'ingénieur Steinhoff et l'Africain Pierre Kaddoura gesticulaient en poussant des jurons. Tous deux, les mains au front, s'efforçaient désespérément d'arracher le cristalloïde surgi dans l'habitacle et venu s'immobiliser au milieu de leur front.

— Roland ! Ro... Commandant ! criait Steinhoff, angoissé. Attention aux cristaux ! Ils nous ont... attaqués !

Il interrompit tout à coup ses efforts et, les mains toujours à son front dans un geste dont la cocasserie ajoutait à son expression ahurie, il roula des yeux effarés en direction de l'écran.

— Alors, vous... *aussi* ? balbutia-t-il d'une voix blanche devant le télévisionneur.

— Ça se voit assez, non ? bougonna le commandant Dutertre en brandissant son index vers son front où brillait, comme chez tous ses compagnons, un cristalloïde bleuté. Non seulement la créature fluidique enveloppée d'un champ de force nous a offert ses rejetons, mais elle a poussé la plaisanterie jusqu'à nous les coller au front !

Claude Rousseau, qui s'évertuait depuis un

moment à arracher de son front cet ornement peu banal, crut bon de lâcher cette boutade :

— Ne nous plaignons pas trop ! Ils auraient pu être beaucoup plus mal placés !

Le commandant Dutertre fit volte-face, prêt à apostropher vertement le topographe. Mais il réalisa tout de même et, à l'instar des autres passagers, il éclata de rire. La plupart de ces rires sonnèrent faux, sans doute, mais cette plaisanterie avait rompu la stupeur angoissée des astronautes. Chacun regardait son voisin avec une expression mitigée, sans trop savoir s'il convenait de prendre bien la chose ou de s'en alarmer.

— Il est passablement surprenant qu'aucun de nous n'ait fait un rapprochement entre le nombre des cristaux et celui des passagers, observa pensivement Sylviane en palpant l'octaèdre luminescent qui, chez les membres féminins de l'expédition, pouvait passer pour un bijou, une gemme telles qu'en portent parfois les Hindoues appartenant aux castes nobles.

« Cette concordance de chiffres — quatre-vingts cristalloïdes et quatre-vingts passagers du *Fulgurant* — vient seulement de s'imposer à nos esprits. Obnubilés par l'apparition de la créature fluidique et, ensuite, par l'étrange bipartition du cristal qu'elle avait engendré, le nombre total des cristaux issus de l'octaèdre initial n'a éveillé en nous aucune association d'idées. Et c'est seulement maintenant que nous apparaît l'évidence du rapport de ce nombre avec celui de notre groupe.

« Dans quel but ces cristalloïdes nous

étaient-ils individuellement destinés ? S'agissait-il d'une symbiose associant ces cristaux parasitaires aux êtres humains ? Le saurons-nous jamais ?

— Quoi qu'il en soit, si ces « parasites » à l'aspect de joyaux vous parent très agréablement, remarqua le professeur Rocca à l'intention des techniciennes et attachées scientifiques, ils constituent pour nous un ornement ridicule dont nous nous serions bien passés !

*
* *

Les jours s'écoulèrent à bord du *Fulgurant* sans apporter aux cosmonautes la moindre explication à cette énigme. Chacun d'eux conservait à son corps défendant cette gemme insolite au milieu du front. Tous les hommes, au début, s'étaient rageusement démenés dans l'espoir de découvrir le moyen de s'en débarrasser mais ce en pure perte. Une feuille de carton interposée entre le cristal et le front était simplement trouée par le cristal lorsqu'on la tirait en avant. La même expérience tentée avec une plaque d'acier se soldait par un échec plus curieux encore : ici, l'octaèdre traversait le métal sans le trouer ni laisser la moindre marque révélatrice ! Le cristalloïde semblait donc perdre sa propriété de masse et se comportait alors de la même manière que l'étrange créature, enveloppée d'un champ de force, qui traversait sans difficulté aucune la coquc ct les cloisons du bâtiment.

L'irritation que tous les passagers avaient

éprouvée à se voir ainsi affublés de cristaux parasites, peu à peu, avait fait place à la résignation puis à l'indifférence. Nul, maintenant, ne songeait même plus à cet extravagant ornement frontal. Au demeurant, pour l'heure, un événement beaucoup plus important allait capter l'attention de chacun. Le *Fulgurant,* à son quatorzième jour de voyage subspatial, allait dans quelques heures atteindre son nouveau « point d'émergence » et basculer cette fois dans le continuum familier.

A l'approche du terme de cette prodigieuse randonnée cosmique, les passagers voyaient graduellement croître leur impatience et leur nervosité. Depuis l'aube — puisque aussi bien le « temps terrestre » avait droit de cité à bord de l'astronef — les passagers étaient sur pied. Tous, longtemps à l'avance, avaient tenu à mettre de l'ordre dans leur cabine ou les dortoirs communs, à ranger soigneusement leurs instruments de travail à bord ou à classer leurs notes et observations. Dès 7 heures du matin, l'équipage occupait son poste en dépit du fait que la manœuvre d'émergence n'aurait lieu qu'à 9 heures.

De par sa spécialité typiquement « terrestre », le topographe n'avait rien eu à faire, durant le voyage, qui concernât sa profession. Aussi, plus que quiconque, éprouvait-il quelque impatience à « débarquer ». Désœuvré, ses déambulations à travers le vaisseau lui firent découvrir le professeur Rocca dans les soutes où régnait une fraîcheur anormale.

Juché sur une échelle métallique, le physicien examinait attentivement une sorte de boîtier mural auquel aboutissaient deux groupes de câbles électriques sous gaine.

— Tiens, vous êtes là, Rousseau ?

— J'ai vu de la lumière en bas des marches, professeur. Un pépin ?

— Un incident, tout au plus, répondit le physicien en descendant de l'échelle après avoir refermé le couvercle à charnière du boîtier métallique. Les lamelles de plomb de ce coupe-circuit ont flanché. C'est seulement tout à l'heure qu'un TAE s'en est aperçu en visitant les soutes dans le cadre de l'inspection générale précédant toujours l'abordage d'une planète nouvelle. Personne n'a mis les pieds ici depuis le départ et l'absence de lumière ainsi que le dérèglement du chauffage de la soute ne nous a pas gênés aux ponts supérieurs. Nous aurions aussi bien pu continuer de l'ignorer jusqu'à l'atterrissage sans encourir le moindre risque. J'ai cependant tenu à vérifier moi-même les raisons de ce court-circuit.

— Et vous en avez déduit ?

— Qu'il était imputable, apparemment, à une *anormale* augmentation d'intensité du courant. Les plombs ont dû sauter peu après le départ, lorsque nous avons basculé dans le subespace, manœuvre exigeant une formidable dépense d'énergie. L'un des régulateurs a dû flancher, ici, bien que la chose me paraisse assez surprenante.

Les deux hommes s'apprêtaient à sortir lorsque, brusquement, le plafond électro-luminescent s'éteignit.

— Allons, bon ! pesta le professeur Rocca. Les plombs... Oh ! s'écria-t-il sur un ton de surprise, votre cristal, Rousseau !

— Vous voulez dire que mon cristal... scintille davantage ? Le vôtre n'est donc pas le seul à avoir subitement augmenté d'éclat ?

— Ah ! parce que, le mien...

— Mais oui, professeur. Sa luminescence bleuâtre projette un halo bizarre sur votre front et... Bon sang ! Retournez-vous !

Dans l'obscurité, le physicien se retourna en étouffant une exclamation. Au milieu du mur droit et proche du plafond flottait la créature fluidique, polyèdre géant d'environ deux mètres de haut. Sa luminescence pulsait au rythme des rotations de « l'étoile » centrale dont les branches ondulaient en tous sens.

— « Elle » est revenue !

— Dites, Rousseau, n'avez-vous pas l'impression qu'elle flotte à peu près à l'endroit où se trouve le coupe-circuit ?

— Ma foi, on le dirait, oui. Vous la croyez responsable de la fusion des plombs ? Aurait-elle par là voulu rétablir dans la soute une température assez basse compatible avec son échelle thermique habituelle ?

— Cela supposerait de la part de cette créature qu'elle a parfaitement assimilé la nature et l'usage du coupe-circuit ! Un peu difficile à avaler, vous ne trouvez pas ?

— Nous devons admettre surtout que nous ne savons rien de cet être et de son champ de force, professeur. Ne serait-ce pas justement ce champ de force glacial qui, mis en contact avec les plombs et brusquement retiré — par l'éloignement de la créature — aurait provoqué le court-circuit ? Les propriétés de ce champ nous sont également inconnues ; n'a-t-il pas lui-même surchargé spontanément la ligne après avoir, par exemple, isolé pour un temps le régulateur de tension au niveau de la soute ?

Le professeur Rocca alluma sa torche et la braqua en direction du halo bleuâtre. Dans le cône de lumière, l'octaèdre cessa d'être visible.

— Je ne sais que penser, Rousseau, néanmoins les choses ont bien pu se passer ainsi. Je crois que nous pouvons, tout compte fait, laisser la soute sans lumière et à la température réduite qui convient à notre passager clandestin. Venez, nous allons en aviser le commandant.

Celui-ci accueillit la nouvelle avec étonnement d'abord puis il haussa les épaules :

— Somme toute, nous n'avons jusqu'ici pas eu à nous plaindre de ce visiteur d'un autre monde. Je néglige évidemment ce cadeau baroque, fit-il en levant son index vers l'octaèdre luminescent qui brillait à son front. Certes, il est pour le moins irritant de savoir qu'un tel être a élu domicile dans la soute, au pont C. Mais comme il ne nous est plus possible de l'en chasser, écartons ce problème de nos préoccupations du moment. Dans un quart d'heure, le *Fulgurant* atteindra son point d'émergence et nous aurons alors d'autres chats à fouetter.

Le chef de l'expédition cosmique brancha les multiples circuits télévisionneurs pour lancer un appel général :

— Rassemblement dans les dortoirs communs en prévision du « passage ». Quittez vos cabines et les divers compartiments de l'astronef. Je répète : rassemblement dans les dortoirs communs ; tous les passagers aux couchettes. Dans douze minutes, à neuf heures trente, le *Fulgurant* émergera du sub-espace.

Sur chaque pont, les cosmonautes reprirent les places qu'ils occupaient lors du décollage, deux semaines plus tôt au Centre Spatial de Kourou. Dans la cabine commune du pont B, les délégués scientifiques internationaux et leurs compagnons montraient beaucoup moins d'inquiétude et d'angoisse qu'ils n'en avaient éprouvé lors du premier « passage ». Sachant par avance les sensations étranges qui les attendaient, ils se sentaient nerveux, anxieux peut-être mais non plus angoissés.

Nicole Belmont laissa pendre sa main hors de sa couchette et Claude Rousseau la prit dans la sienne. Toutefois, les doigts de la jeune Antillaise ne tremblaient pas et son geste était plus dicté par les sentiments qui liaient maintenant les deux jeunes gens que par l'appréhension.

— Attention ! Attention ! clamèrent les haut-parleurs. H moins 30 secondes. Le compte à rebours commencera à 10.

Dans chaque cabine commune, au-dessus de l'écran télévisionneur, s'éclaira un voyant rouge et la voix du commandant Dutertre reprit :

— H moins 10 secondes... 5, 4, 3, 2, uuuuunnnn...

Comme prévu, l'insolite déformation du timbre de la voix s'accompagna d'une distorsion purement subjective des êtres et des choses à bord du *Fulgurant*. Pendant un temps que le phénomène lui-même rendait impossible à évaluer, les astronautes, paradoxalement amorphes, furent pris de nausées.

Les plafonds électro-luminescents perdirent leur éclat ; les cabines s'étirèrent, se gondolèrent. Les hommes et les femmes allongés sur leurs couchettes eurent la sensation désagréable de subir les mêmes distorsions grotesques ; une nausée plus violente encore comprima leur estomac et leurs entrailles puis, d'un seul coup, ces phantasmes disparurent et tout redevint normal. L'éclairage reprit son éclat habituel, les nausées se dissipèrent et sur l'écran, à travers le cockpit du poste de pilotage, les passagers constatèrent avec un immense soulagement que la déprimante opacité gris-noire du sub-espace s'était évanouie, remplacée par la « réconfortante » obscurité de l'espace classique avec ses astres innombrables.

A « bâbord », et à travers la coupole de l'habitacle, le commandant Dutertre, son second, le radio et le physicien Rocca pouvaient apercevoir un énorme globe d'un jaune ocre éblouissant.

— L'étoile Capella, murmura Dutertre d'une voix émue. Capella, comme nul regard humain ne l'a jamais contemplée ! Vous pouvez quitter vos couchettes. Notre décélération est maintenant constante et nous nous poserons sur *Capella IV*, la quatrième planète de cette étoile double, dans quatre heures dix-neuf minutes très exactement. Et ce à l'endroit précis où se posa notre dernière fusée expérimentale...

CHAPITRE VIII

Ces soleils géants qui brillaient dans l'espace noir parmi les constellations nouvelles offraient aux astronautes un émouvant spectacle. L'un d'eux, sensiblement plus volumineux que son astre « jumeau », était un globe d'une luminosité cent fois supérieure à celle de notre soleil. Distante de 83 000 000 de km, l'autre composante de ce système binaire présentait l'aveuglant éclat bleuâtre d'un arc électrique.

A quarante-deux années-lumière de la Terre, étoiles et constellations paraissaient avoir changé de place. Naturellement, il n'en était rien et seule leur vue en perspective différait de celle qu'offrait leur position à un observateur terrestre.

L'astrophysicien et l'astronome de l'expédition s'étaient exercés, en ces premières heures d'observation, à reconstituer sommairement l'ébauche d'une carte céleste « locale ». Grâce aux milliers de photographies prises quelques mois plus tôt par les fusées expérimentales, Louis Bordes et André Faugeas avaient pu identifier dans ce fourmillement stellaire cinq des planètes principales du système binaire capelléen.

Sur le grand écran télévisionneur des cabines communes, les passagers allongés pouvaient admirer maintenant la quatrième planète dont la sphère, au fur et à mesure que s'en approchait le *Fulgurant*, dévoilait graduellement à leur vue les principaux détails de sa surface. Détails qu'estompait toutefois l'atmosphère aussi dense que celle de la Terre. Des continents au relief marqué sous certaines latitudes, des mers, des calottes polaires d'un blanc rosâtre s'inscrivaient tour à tour sur l'écran.

En prenant pour unité la masse de la Terre, celle de *Capella IV* n'en accusait que les 8/10e. Sa période de rotation, calculée d'après les observations faites par les fusées expérimentales placées en orbite de satellisation, n'était que de 21 h 49 m. Quant à sa pesanteur, elle était à peine inférieure à celle de la Terre.

Au poste de pilotage, le rôle uniquement passif du commandant Dutertre et de ses trois compagnons consistait à suivre les indications du tableau de bord. Avec une régularité mathématique, les cerveaux électroniques dirigeaient l'appareil vers la quatrième planète du système capelléen.

Les instruments automatiques du *Fulgurant* — qui maintenait tournait le « dos » aux soleils géants pour rallier *Capella IV* — effectuèrent de nouveau l'analyse spectroscopique de son atmosphère. De leur côté, magnétomètre et thermo-couple vérifiaient l'intensité du champ magnétique et la température en divers points de ce globe.

Les indications ainsi obtenues s'inscrivaient régulièrement en perforations codées sur une bande en matière plastique jaune qui sortait en cliquetant d'un appareil chromé placé à droite du tableau de commande. Cette bande disparaissait un peu plus loin dans la fente d'un second appareil, le vérificateur analytique dont le rôle consistait à comparer ces indications avec celles qu'avaient fournies les premières fusées expérimentales.

Le professeur Rocca contrôlait avec soin le fonctionnement des deux appareils. A aucun moment le télécripteur auxiliaire du vérificateur analytique n'entra en fonction ; cette dernière série de tests et d'analyses concordait donc étroitement avec les indications comparatives obtenues précédemment.

Le commandant Dutertre brancha le télévisionneur relié aux soutes privées d'éclairage et, sur l'écran obscur, lui et ses compagnons distinguèrent la luminescence bleuté de l'étrange créature « éthérée » qui flottait entre le plafond et le parquet.

— L'ange gardien est toujours là, soupira le chef pilote. Il n'y a pas à dire, cet être fait preuve d'une rare constance. !

— Ou d'une rare obstination, rectifia le professeur Rocca. Je ne sais pas ce qu'il nous veut mais il paraît tenir absolument à nous accompagner jusqu'au bout !

— Le climat de *Capella IV* ne lui conviendra guère puisqu'il est sérieusement incommodé par une température supérieur à 20 °C. Or, les thermo-couples automatiques indiquent, pour la zone où nous nous poserons — en plein jour — une température d'environ plus 30°.

— Cela lui donnera peut-être envie de déguerpir, souhaita le radio.

Dutertre ébaucha un sourire sceptique tout en abaissant l'une après l'autre les manettes du réseau général des télévisionneurs :

— Attention, attention. Dans trois minutes, le *Fulgurant* amorcera son premier vol orbital avant d'aborder l'exosphère de cette planète. Vérifiez vos sangles de sécurité.

Le gigantesque globe planétaire occupait maintenant tout « l'horizon ». Par un curieux effet de perspective, les cosmonautes avaient l'impression qu'il se trouvait tout près du *Fulgurant*, si près qu'un esprit non averti aurait pu redouter un écrasement imminent. A travers le voile atmosphérique, on distinguait parfois la masse brune ou ocre d'un continent barré de chaînes montagneuses ou encore l'étendue verdâtre d'une mer.

L'astronef entama sa première révolution autour de la planète et passa presque sans transition de l'hémisphère éclairé dans l'hémisphère obscur. Sa vitesse décrut très rapidement sans que ses occupants soustraits à la décélération n'éprouvassent le moindre malaise. Un astre mauve rosâtre, d'un diamètre apparent analogue à celui de la Lune, émergea progressivement du bord nord-est de la planète et parut s'enfuir vers le sud-ouest. La marche accélérée de ce satellite était due à la propre vitesse de l'astronef qui se déplaçait selon un mouvement rétrograde par rapport à cette « lune ».

A la troisième révolution de l'appareil, *Capella IV* parut s'enfoncer insensiblement et sa courbure disparut du champ de vision perceptible depuis la coupole transparente du poste de pilotage. Pendant un instant, les étoiles scintillèrent à travers l'atmosphère. Dans l'espace devenu mauve apparurent enfin les innombrables constellations insolites.

— Le *Fulgurant* vient de basculer pour se placer perpendiculairement à la surface planétaire, annonça le commandant Dutertre. C'est pourquoi nos écrans nous montrent seulement le « ciel » vers lequel pointe le nez de l'appareil au cours de sa descente. Ses tuyères caudales sont maintenant dirigées vers le sol et la propulsion ionique va bientôt cesser au profit des réacteurs à super-propergols. Attention à la décélération. Le champ gravifique va être supprimé.

A la fugace sensation de chute libre succéda pour les passagers l'impression d'être arrachés de leurs couchettes ; les sangles de sécurité leur entraient dans les chairs. L'allumage des réacteurs de freinage stoppa la chute libre et rétablit graduellement à bord une pesanteur sensiblement normale. L'obscurité de l'espace diminua et une clarté mauve sombre allant en dégradé pénétra par les hublots et à travers le dôme transparent de l'habitacle. Les plaques électro-luminescentes et les rampes au néon ne tardèrent pas à s'éteindre tandis que la lumière du jour — d'un jour légèrement rosé — envahissait les cabines et les salles dotées de hublots.

Dans un vacarme effroyable, le *Fulgurant* descendit sur une gigantesque colonne de flammes et de gaz. D'énormes patins télescopiques sortirent de ses flancs, « tâtèrent » le sol labouré par les gaz incandescents et finirent par trouver chacun un point d'appui solide. Les réacteurs se turent et les passagers ressentirent une secousse assez violente : le *Fulgurant* s'était posé.

L'astronef dressa son ogive imposante sur une plaine recouverte d'une herbe mauve et rose, haute d'un mètre. Incendiée par les réacteurs, cette herbe brûlait en crépitant et dessinait autour de l'appareil une large couronne de flammes orangées. A un demi-kilomètre à l'est, un large fleuve serpentait à travers une forêt dense et venait se jeter dans la mer, une mer d'un vert émeraude dont les vagues moutonnaient sur la grève en pente douce, au sud de la plaine herbeuse.

Le commandant Dutertre enclencha un disjoncteur et tourna lentement un petit volant placé dans une cavité du tableau de bord. Immédiatement, à la base du vaisseau fusèrent quatre jets d'un liquide laiteux violemment expulsé en éventail sur un rayon de 80 m autour du *Fulgurant*. « Atomisé » en fines gouttelettes, ce liquide forma bientôt une couche mousseuse sur l'aire d'atterrissage calcinée et portée à plusieurs centaines de degrés par les gaz incandescents.

La pluie de ce liquide extincteur et refroidisseur chimique cessa au bout de quelques minutes après avoir étouffé la couronne de flammes qui menaçait de s'étendre à la plaine entière.

— Consignes générales, annonça le commandant. Nous allons quitter l'astronef et reconnaître sommairement la région environnante. Que chacun se munisse de l'équipement planétaire complet. Rassemblement dans la soute de débarquement. L'atmosphère respirable de cette planète nous autorise à emprunter l'élévateur extérieur. Exécution.

Un quart d'heure plus tard, les quatre-vingts passagers du *Fulgurant* s'étaient rassemblés dans la soute de débarquement dont la paroi courbe, escamotable, permettait à une grue de débarquer, à l'aide d'une plate-forme de huit mètres carrés, le matériel lourd de l'expédition.

Le mur courbe glissa sur ses rails et la lumière d'un jour singulièrement rosé pénétra à flots dans la soute, ternissant la luminescence bleuâtre des cristaux qui brillaient au front des passagers. Du sol calciné qu'imbibait le liquide extincteur montaient des vapeurs âcres, irritant la gorge. Au-delà du cercle brûlé par les réacteurs, l'herbe haute — aux tiges mauves coiffées d'un bizarre disque rosé — s'étendait à perte de vue. Très loin, au nord-ouest, se dressait une chaîne de montagnes boisées.

Cette vision paisible, cet air qui, redevenant pur, embaumait de senteurs indéfinissables et ce ciel rosé jetaient les astronautes dans un trouble confinant au malaise. Quels dangers, quelles traîtrises pouvait leur ménager ce monde apparemment si hospitalier ?

Par-dessus leurs collants, les passagers avaient enfilé des cuissardes protectrices en matière plastique translucide et s'étaient munis d'un pistolet à rayons thermiques. Chacun portait aussi un minuscule émetteur-récepteur dont les écouteurs de contact étaient logés à la base du casque insolaire décrété obligatoire par le commandant de bord. Le microphone, lui, se trouvait incorporé à la jugulaire du casque.

Le bras extensible de la grue s'étirait au-dehors, à dix mètres du bord de la soute. La plate-forme de débarquement était suspendue par des câbles à un chariot qui glissait sur des rails fixés au plafond de la soute et se prolongeaient jusqu'à l'extrémité de la grue. Le premier contingent à avoir pris place sur la plate-forme rectangulaire comprenait : le commandant Dutertre, Karl Steinhoff, son second, le professeur Gustave Rocca, le radio, la psychologue, les trois délégués internationaux et sept autres membres de l'expédition parmi lesquels figuraient Claude Rousseau et Nicole Belmont.

Le chariot s'ébranla et la plate-forme, avec un léger balancement, s'éloigna, sortit de la soute et, suspendue dans le vide, elle se mit à descendre après que l'officier supérieur eut ordonné la manœuvre en levant un long tube d'aluminium qu'il tenait dans sa main droite. Bien que rompus à des degrés divers aux randonnées cosmiques, les passagers de cette plate-forme ne pouvaient se défendre d'une vive émotion. Ne seraient-ils pas les premiers êtres humains à fouler le sol vierge d'un monde inconnu mais semblable à la Terre ? Certes, un monde singulier d'aspect avec ses hautes herbes mauves qu'un vent tiède chargé d'effluves bizarres, indéfinissables, courbait mollement sur la plaine.

Pourtant, aux yeux des cosmonautes, rien ne paraissait aussi fantastique, aussi fabuleux que ce ciel rosé illuminé par deux soleils géants, l'un orangé et l'autre bleu turquoise, qui projetaient au sol d'étranges ombres *dédoublées* selon un angle de 40° ! Le commandant Dutertre eut quelque peine à s'arracher à la contemplation de ce spectacle fascinant. Il pressa l'un des deux boutons disposés sur un cube de métal à l'angle de la plate-forme et celle-ci s'arrêta au niveau du sol. Légèrement déséquilibré par une pierre émergeant de la terre, le plateau oscilla et bascula d'une trentaine de centimètres vers la gauche. Rousseau, qui venait de lâcher le câble horizontal de maintien, perdit l'équilibre, se heurta au rebord de la plate-forme et se retrouva, déconfit, assis sur son postérieur à même le sol encore imbibé de liquide extincteur.

Cet incident cocasse fit perdre à cette minute historique son caractère solennel. D'abord courroucé, Dutertre ne put garder longtemps son sérieux devant l'air malheureux et furieux à la fois du jeune topographe. Il éclata de rire et, d'un geste, invita les autres à le suivre en sautant de la plate-forme.

— Décidément, Rousseau, vous choisissez toujours le bon moment pour vous mettre en vedette ! sourit avec bonhomie le professeur

Rocca. Vous voici maintenant sur le chemin de l'immortalité pour avoir, le premier, pris pied sur ce nouveau monde !

— Pris pied, c'est une façon de parler ! bougonna Rousseau en se relevant et en frottant vigoureusement son « fond de culotte ».

Ils s'éloignèrent du vaisseau, foulant la terre calcinée, noirâtre et chaude encore tandis que la plate-forme, déjà, redescendait avec le second groupe de passagers. Dix minutes plus tard, à 200 mètres environ du *Fulgurant,* les membres de l'expédition se placèrent en cercle autour du commandant Dutertre et du professeur Rocca. L'officier supérieur dévissa le couvercle du long tube en aluminium et en retira, soigneusement roulé, un grand drapeau blanc sur le fond duquel était brodée, énorme, la lettre *E* de couleur verte, emblème des Etats-Unis d'Europe.

Au drapeau, déployé dans un silence qui trahissait l'émoi des astronautes, fut fixée une hampe télescopique. Le commandant Dutertre présenta le drapeau européen au professeur Rocca, « père » de l'extraordinaire cosmonef ionique et les deux hommes refermèrent mutuellement leurs doigts sur la hampe en acier chromé.

D'une voix qu'il s'efforçait de raffermir, le chef d'expédition prononça :

— En vertu des pouvoirs qui nous sont conférés et au nom du gouvernement des Etats-Unis d'Europe, nous prenons possession de ce monde vierge qui, désormais, aura nom *Europa.*

Les deux hommes plantèrent la pointe effilée de la hampe dans le sol de la planète nouvelle cependant que les astronautes se recueillaient avec une ferveur religieuse, éprouvant en leur cœur une émotion profonde mitigée de fierté et de joie.

— Nous, reprit lentement le commandant Dutertre après cette minute de silence, représentants du gouvernement européen, déclarons en outre sur l'honneur, devant Dieu et les hommes, que cette planète nouvelle sera ouverte à la colonisation et placée sous le contrôle équitable et juste de tous les pays de la Terre, lorsque les nations terrestres auront réalisé leur Union totale et effective par la création des Etats-Unis du Monde. Nous déclarons par ailleurs qu'Europa demeurera exclusivement sous le contrôle de l'Europe tant que les Etats-Unis du Monde ne seront pas constitués.

« Nous refaisons ici le serment, au nom de notre gouvernement, de mettre à la disposition des nations terrestres les moyens de réaliser des vaisseaux ioniques identiques au *Fulgurant* qui leur permettront de franchir aisément les quarante-deux années-lumière qui séparent Europa de la Terre. En ce moment même, sur la terre, les autorités européennes doivent avoir adressé aux autres gouvernements une note explicite aux termes de laquelle sont exposés les buts et raisons véritables du *Projet X* dont nous tous, ici, venons de vivre la première phase et dont la seconde phase, l'installation d'une base permanente sur Europa, commencera dans l'heure même de notre arrivée.

Le commandant Dutertre fit une pause et, adressant un fraternel sourire au professeur Rocca, il ajouta en guise de conclusion :

— Je tiens enfin, en mon nom et au nom du gouvernement de l'Europe et en celui de tous les membres de notre expédition cosmique, à rendre un vibrant hommage à l'éminent physicien Gustave Rocca, inventeur du réacteur de fusion et du dispositif de propulsion ionique, sans le génie duquel la conquête de ce monde et les futurs voyages sub-spatiaux à travers notre Galaxie auraient été impossibles.

Dans l'explosion de joie et d'applaudissements qui succédèrent à ce discours sans grandes phrases ni verbiage inutile, les deux hommes se serrèrent les mains et s'étreignirent en une triple accolade.

— Mes amis, déclara à son tour le professeur Rocca, je suis tout particulièrement sensible à votre témoignage d'amitié, toutefois, je tiens à associer à l'hommage que vous me décernez si chaleureusement les innombrables savants, chercheurs et techniciens français, allemands, italiens, belges, enfin, tous ceux qui, Européens, contribuèrent à la réalisation du *Fulgurant.* Ces hommes ont, pour leur part, mérité vos...

Il s'interrompit aux exclamations que venaient de pousser la psychologue Sylviane Beauchamp, Claude Rousseau et Nicole Belmont. Ceux-ci, brusquement, avaient rompu le cercle pour sauter de côté en bousculant leurs compagnons immédiats. Durant quelques secondes, ils avaient éprouvé la sensation glaciale maintenant bien connue des membres de l'expédition.

— La créature invisible ! balbutia Sylviane. Elle vient de me frôler !

Le commandant Dutertre et le professeur Rocca, tout à coup, firent eux aussi un saut de côté. Glacés et claquant des dents, ils s'éloignèrent prestement du drapeau près duquel s'était manifesté le champ de force de l'être invisible à la lumière.

Des bruits insolites, faibles crissements accompagnés de vibrations claires, troublèrent le silence. Peu à peu, à deux pas du drapeau, l'air parut se troubler, perdre de sa limpidité. Une lueur scintilla dans l'air ; d'abord imprécise, elle prit graduellement une forme octaédrique haute de trois mètres et large d'un mètre en son milieu. La créature fluidique s'opacifia, devenant ainsi beaucoup mieux visible. Sa luminescence bleuâtre augmenta et ses vibrations se firent mélodieuses comme le chant d'une coupe de cristal heurtée avec douceur.

On entendit ensuite un claquement sonore suivi de nombreux crissements et, soudain, le polyèdre se matérialisa dans la forme d'un cristal géant, miraculeusement immobile, sa pointe inférieure à cinquante centimètres au-dessus du sol. Sous les soleils capelléens, ses huit faces polies lançaient des reflets irisés jaunes, bleutés ou orangés. Tous rivaient leurs regards sur cette singulière métamorphose de l'être immatériel maintenant « solidifié » ou, plus exactement, cristallisé dans sa forme imputrescible, insécable et totalement insensible à la chaleur et aux acides les plus corrosifs.

— Il devient un peu collant, ce sacré machin ! fit Rousseau en branlant du chef. Le voilà qui prend maintenant possession des lieux !

— Claude ! s'exclama la jeune zoologue en levant les yeux vers le front de son ami.

Presque simultanément, tous les astronautes réunis autour du drapeau prirent conscience du même phénomène : le cristal qui, un instant plus tôt ornait encore leur front avait mystérieusement disparu. A sa place subsistait, au milieu du front, un point luminescent de la grosseur d'un pois.

— Pas de doute, grommela Claude Rousseau en se frottant le front. « Il » nous les a repris !

A l'instar de ses compagnons, Sylviane Beauchamp promenait elle aussi ses doigts sur son front où persistait une étrange scintillation bleutée.

— Voyons, Claude, ironisa-t-elle, vous avez tempêté contre cet ornement frontal et, maintenant que vous en êtes débarrassé, vous semblez le regretter !

Le commandant Dutertre et le professeur Rocca se rapprochèrent du bloc monolithe scintillant. Réplique fidèle, mais à une échelle infiniment supérieure, des petits octaèdres apparus à bord du *Fulgurant,* ce cristal géant n'émettait aucun champ de force glacial. Sous la brise légère, des herbes mauves hautes d'un mètre caressaient sa base pointue.

Le professeur Rocça passa sa main à plat sur

la surface extrêmement lisse du cristalloïde, puis il donna une chiquenaude sur l'une de ses arêtes. Le bloc, défiant la loi de la pesanteur, rendit un son mélodieux prolongé. Les deux hommes unirent leurs efforts et s'arc-boutèrent contre le cristal géant sans parvenir à le pousser ni à lui imprimer la moindre oscillation.

— Extraordinaire ! murmura Dutertre. Cet octaèdre haut de trois mètres doit bien peser deux ou trois tonnes. Or, sans aucun point d'appui, il demeure immobile à cinquante centimètres au-dessus du sol !

Avec un haussement d'épaules agacé, il ajouta :

— Cet « ange gardien », pour nous, fait figure de Sphinx ! Fluidique, il ne nous livra aucun de ses secrets ; le cristal né de lui et toute sa « lignée » furent une autre énigme. Il en ira de même, a priori, avec ce monolithe, métamorphose de l'entité fluidique et glacée qui hanta notre astronef. Je crois donc préférable de cesser de nous pencher sur le mystère de ce cristalloïde dont le processus vital échappe totalement à nos conceptions cosmobiologiques. Peut-être pourrons-nous, plus tard, en percer les secrets. Pour l'instant, admettons-le simplement comme « chose existante » et n'y pensons plus ! conclut-il philosophiquement.

« Un champ d'expériences et d'exploration illimité nous attend sur cette planète. Nos équipes, en dépit de toutes les recherches, de toutes les analyses et travaux qu'elles accompliront sur Europa dans les trois mois à venir, pourront tout juste effleurer les problèmes sans nombre qui, des décennies durant sans doute, se poseront aux futurs colons.

« Ce jour, le premier de l'An I de ce monde, nous le consacrerons à une reconnaissance aérienne systématique de la région. Le choix de celle-ci pour notre atterrissage ne fut point laissé au hasard. Il résulte au contraire des relevés géographiques préliminaires effectués par les fusées expérimentales qui nous ont précédés. En effet, nous avons choisi, parmi les zones filmées, celle qui d'emblée présentait toutes les conditions idéales requises pour se prêter ultérieurement à la colonisation. C'est ainsi que notre *Fulgurant* s'est posé sur une terre fertile — les échantillons de terre prélevés par les fusées l'ont prouvé — à six cents mètres d'une mer aussi étendue que la Méditerranée. A cinq cents mètres au sud-est s'y jette un fleuve, très large, qui au nord traverse une épaisse forêt.

« Cette région, selon nos critères terriens, bien sûr, réunit toutes les conditions et tous les avantages susceptibles de favoriser l'édification d'une importante cité portuaire et fluviale à la fois. Puisse donc l'avenir ne point nous donner tort et décevoir nos espérances...

***

A une cadence accélérée, la grue de débarquement descendait au sol une impressionnante quantité de matériel : empilement de plaques en matière plastique devant servir à l'érection d'une base préfabriquée, caisses énormes d'appareils et d'instruments scientifiques, d'outils de toutes sortes, caissons étanches renfermant des vivres et des médicaments et tout un arsenal d'armes perfectionnées devant assurer la protection de l'expédition cosmique.

Ce matériel, un robuste tracteur électrique tirant une remorque le transportait au fur et à mesure à deux cents mètres du *Fulgurant*, sur la zone faiblement herbeuse où flottait le drapeau européen et où s'élèverait bientôt le camp de base. Deux jeeps-radio, « coiffées » de capteurs solaires, avaient été également descendues. Claude Rousseau et le capitaine Van Hagen, aux commandes, essayaient ces véhicules tandis que le commandant Dutertre et le lieutenant Simone Vogel vérifiaient l'un après l'autre les trois « scooters volants » de l'expédition, engins circulaires biplaces coiffés d'un dôme en plexiglass surmonté de pales contrarotatives. Ces « scooters de l'air », légers, extrêmement maniables, nantis d'un tripode escamotable, assuraient une autonomie de vol de quatre heures à la vitesse moyenne de 350 km/h. Leur système de propulsion utilisant la décomposition de l'eau oxygénée, le problème du ravitaillement ne constituerait plus un handicap pour les Terriens. Effectivement, le futur laboratoire du camp de base avait été équipé pour produire en quantité cette eau oxygénée dont le fleuve voisin fournirait une « matière première » illimitée.

Au milieu de l'activité bourdonnante qui régnait tant au pied de l'astronef qu'à l'emplacement du camp plus éloigné, Simonc Vogel pénétra sous la coupole d'un scooter de l'air. Ayant méticuleusement vérifié les organes du rotor et les réservoirs placés de part et d'autre de la plate-forme, elle s'installa aux commandes. Docile, la machine se mit à ronronner puis à gronder régulièrement tandis que les pales tournoyaient avec leurs battements caractéristiques. L'engin s'éleva de quelques mètres, tourna sur lui-même et revint se poser sur son tripode. Les deux autres scooters volants répondirent aussi normalement aux essais et la jeune fille en collant bleu ciel quitta son siège pour rejoindre l'officier supérieur qui bavardait avec le géophysicien américain.

— Les trois « scooters » sont en ordre de marche, commandant.

— Parfait, lieutenant. Prenez avec vous Gavin Rice qui effectuera ainsi une première reconnaissance du terrain. Dirigez-vous vers le nord et survolez une zone de cinquante kilomètres de diamètre seulement. Restez en contact télévisé permanent avec le *Fulgurant* et revenez plein gaz à la moindre alerte. Interdiction d'atterrir si vous découvrez des créatures vivantes. Retour au camp dans deux heures trente maximum.

La jeune fille salua et invita le géophysicien à l'accompagner. Dutertre se dirigea ensuite vers le capitaine Van Hagen et Claude Rousseau qui descendaient de leur jeep, satisfaits de l'essai.

— Prenez un « héli-scooter », capitaine, et prospectez le coin en tous sens dans un rayon de vingt-cinq kilomètres. Rousseau vous accompagnera pour avoir une vue d'ensemble de la première zone à cartographier. Je survolerai moi-même les régions est-ouest en compagnie de notre botaniste. Lydia déterminera ainsi les zones dont la flore luxuriante mérite en premier lieu un examen détaillé.

— Et la faune, commandant ? s'informa la zoologue antillaise qui s'était approchée.

— La faune, Nicole ? Voilà peut-être le point le plus délicat. Les trois groupes qui vont tout à l'heure survoler la région auront également pour mission de repérer la présence éventuelle de créatures vivantes. En cas de découverte, leur habitat sera soigneusement relevé et filmé pour vous permettre de vous y rendre en jeep avec une autre équipe dès demain. Pour l'instant, je vous conseille de « chasser la petite bête » avec Georges Vidal, notre entomologiste. Mais attention, opérez uniquement dans un rayon de quatre cents mètres et munissez-vous chacun d'un pistolet à rayons thermiques.

Désappointée, la jeune métisse alla rejoindre un solide gaillard qui, très affairé, s'était assis en tailleur devant une caisse remplie de fibres plastiques. Il en retirait précipitamment des flacons à gros goulot, de petites cages, des tubes en matière translucide, et tout un attirail d'entomologiste qu'il rangeait hâtivement dans une longue boîte en bandoulière où se trouvaient déjà un tamis de Winkler et l'inévitable filet à papillons !

— Ne vous dépêchez pas autant, Georges, annonça Nicole. Nous ne faisons pas partie du voyage. Du moins, pas du premier.

— Ah ! oui ? fit-il en se relevant, déçu lui aussi. Pourquoi ? Les hélicos sont au complet ?

— Oui, avec priorité pour la géophysique, la topographie et la botanique. La chasse au « gros gibier » n'aura lieu que demain ! En attendant, le commandant Dutertre m'a conseillé de vous accompagner à la recherche de vos bestioles. Dans un rayon de quatre cents mètres seulement, précisa-t-elle.

Un triple ronflement les fit sursauter : les trois héli-scooters prenaient l'air et, à vingt mètres de hauteur, ils se séparèrent pour emprunter chacun une direction différente. Voyant le biochimiste Paul Vernet, John Brewster et Vera Perego grimper dans une jeep encombrée de bidons, de bacs en matière plastique et de volumineux flacons, Georges Vidal et la zoologue s'approchèrent du véhicule.

— Auriez-vous repéré une laiterie, dans le quartier ?

— Pas pour l'instant, Georges, mais si la question vous intéresse, nous pourrons nous renseigner, railla Vernet. Nous allons puiser de l'eau de mer aux fins d'analyse et, le cas échéant, nous collecterons sur la grève des coquillages ou des algues que nous placerons dans ces bacs.

— Ramenez donc un cachalot pour améliorer l'ordinaire ! lança l'entomologiste en s'éloignant avec la jeune Antillaise.

En l'absence du commandant Dutertre, son second assumait les fonctions de chef de camp. Sous sa direction, les TAE et les membres de l'équipage procédaient à l'érection d'un vaste baraquement préfabriqué à l'aide de panneaux en matière plastique alliant à la légèreté une grande robustesse. Le *Fulgurant* avait emporté dans ses soutes les éléments de deux constructions analogues, longues de vingt mètres, larges de sept et hautes de cinq, aptes à recevoir les quatre-vingts membres de l'expédition. Leur toit spécial recouvert de photo-piles au sélénium alimenterait en électricité les installations du camp conjointement avec le four solaire dont une équipe de techniciens entreprenait le montage.

L'entomologiste Vidal et la zoologue Nicole Belmont firent une halte à la limite de la zone calcinée lors de l'atterrissage de l'astronef. Devant eux, l'herbe haute s'étendait sur des kilomètres de plaine en direction du nord. Grâce à leurs cuissardes et à leurs gants en polyvinyle, ils pouvaient sans crainte marcher dans l'herbe haute qui montait jusqu'à leur ceinturon. Cette herbe — des tiges mauves de section triangulaire terminées par un curieux disque rose couvert d'un duvet noir — ondulait parfois sous une brise tiède. Une odeur douceâtre, sensiblement différente de l'odeur iodée propre aux mers terrestres, arrivait jusqu'aux deux jeunes gens. A ces effluves se mêlaient aussi des senteurs diverses, aigrelettes ou singulièrement « sucrées » d'origine végétale.

Georges Vidal et la zoologue avançaient prudemment, écartant les herbes et scrutant le sol à la recherche problématique d'insectes ou de petits mammifères. Ils s'abstenaient de parler et progressaient lentement, au hasard, sans se soucier de suivre une direction déterminée.

Nicole retint l'entomologiste par le bras et lui montra, à sa droite, une myriade de petites créatures tenant à la fois du ver de terre et du scarabée, du moins quant aux extrémités de leur corps serpentiforme. Leur « tête » et leur « queue » ressemblaient en effet à un coléoptère avec ces élytres, ces mandibules et ces antennes recourbées. Mi-vers, mi-insectes, ces petites créatures remuaient faiblement. La plupart d'entre elles étaient couchées sur le dos et agitaient leurs pattes innombrables en se tortillant avec lenteur.

— On les dirait... blessées ? hasarda Nicole en s'agenouillant.

Les bestioles remuèrent avec un peu plus de vitalité pendant quelques secondes sans parvenir à se remettre sur leurs pattes.

— Peut-être ont-ils été attaqués par une autre espèce ?

De nouveau, les petits animaux s'agitèrent. Vidal, à l'aide d'une grosse pince brucelle, saisit l'un d'eux — d'une longueur de huit centimètres environ — et le glissa dans un gros flacon sur lequel il vissa un couvercle percé de trous.

— Avez-vous remarqué que ces bestioles s'agitent quand nous parlons ?

— Oui, cela m'a frappé, reconnut-elle.

— Ces insectes « vermiformes » sont probablement hyper-sensibles aux ondes sonores et je ne serais pas surpris qu'ils aient été « sonnés » par le vacarme assourdissant de nos réacteurs, à l'atterrissage.

Un grésillement résonna dans leurs écouteurs de contact et la voix de Pierre Kaddoura, resté à bord du *Fulgurant*, prononça sur un ton rapide :

— Appel à Vidal et Nicole Belmont. Revenez immédiatement. Une créature volante de grande taille se dirige lentement vers vous !

— Appel capté, nous revenons, répondit l'entomologiste en se dressant vivement, le doigt déjà sur la détente de son pistolet à rayons thermiques.

Ils jetèrent un regard circulaire et aperçurent bientôt, venant du nord-est, une créature dont la forme et le gigantisme les frappèrent de saisissement. La « chose » ressemblait à une couronne dorée d'un diamètre probablement supérieur à vingt-cinq mètres ! Des filaments brillants, d'un jaune à reflets verdâtres se balançaient tout autour de cet « anneau » presque translucide dont la section mesurait bien deux ou trois mètres. Ondulant sur lui-même, cet être bizarre montait et descendait en suivant une direction visiblement orientée vers les deux isolés. Ces derniers, peu rassurés, détalèrent à toutes jambes mais n'oublièrent point pour autant d'emporter le flacon renfermant le premier animal « capturé » sur Europa. Chargée d'inquiétude, la voix du radio éclatait maintenant dans les haut-parleurs extérieurs du *Fulgurant :*

— Appel général ! Appel général ! Regagnez le bord par la plate-forme élévatrice. A l'est apparaissent par centaines ces énormes créatures volantes ! Appel général, appel général ; regagnez le vaisseau !

En courant à perdre haleine, les Terriens restés au camp ralliaient l'appareil qu'ils atteignirent à peu près en même temps que l'entomologiste et la zoologue. Ceux que la plate-forme élévatrice n'avait pu emporter dans son premier voyage regardaient avec anxiété la nuée de ces créatures annulaires convergeant vers l'astronef. Le vent s'était levé, un vent chaud et violent chargé d'une odeur douceâtre.

Le premier anneau translucide et doré se posa en frissonnant sur l'herbe mauve, à une centaine de mètres du *Fulgurant*. De temps à autre, des soubresauts l'agitaient ; il progressait alors de plusieurs mètres et s'immobilisait, frissonnait encore et s'avançait de nouveau en courbant les hautes herbes de la plaine.

La plate-forme emporta un second contingent de passagers cependant que les autres, au sol, voyaient avec angoisse les êtres annulaires se rapprocher inexorablement. Certains d'entre eux accusaient plus de cinquante mètres de diamètre ! Dans le ciel, leur nombre était tel qu'on aurait dit un formidable tapis couleur or, translucide et mouvant, que parcouraient d'interminables ondulations. Peu à peu, les Terriens percevaient un étrange murmure, fait de bruissements et de frou-frous bizarres en provenance de la horde volante. Par milliers, des filaments et des rubans jaunes à reflets verts se balançaient ou tournoyaient, tantôt mollement tantôt avec frénésie, sous les monstrueux anneaux.

Soudain, alors que la plate-forme effectuait son avant-dernier voyage, le vent redoubla de violence et une trentaine de ces créatures annulaires — parmi les plus grandes ! — fondirent avec rapidité vers le vaisseau. L'une d'elles s'abattit sur la plate-forme parvenue à mi-hauteur du *Fulgurant* tandis que les autres tombaient en se gondolant et sur l'astronef, sur une partie du matériel et sur les quinze passagers demeurés au sol.

Des cris affolés, des exclamations, des appels fusaient de toute part. Dans une mêlée indescriptible, les cosmonautes se débattaient furieusement sans pouvoir faire usage de leurs armes, submergés qu'ils étaient par les gigantesques créatures dorées venues s'entasser en un amas confus épais de plusieurs mètres !

Pendant quelques minutes angoissantes, les hommes aux prises avec ces monstrueux anneaux suffoquèrent dans un inextricable enchevêtrement de rubans, filaments et matière fibreuse dorés. Ces innombrables « tentacules », très légers, se montraient singulièrement « dociles » et paraissaient peu pressés de flageller ou d'étrangler les Terriens. Ce fut cette absence totale de réaction qui, probablement, leur fit enfin comprendre la vérité.

Karl Steinhoff cessa de s'agiter. Il resta quelques instants interdit puis éclata de rire avant de lancer d'une voix de stentor :

— Fausse alerte, les amis ! Ces « monstres » ne sont que des végétaux ! De gigantesques couronnes végétales fibreuses tellement légères qu'un souffle de vent suffit à les soulever pour les transporter au gré des courants aériens sur d'énormes distances. Kaddoura, envoyez immédiatement un message aux équipes volantes pour les rassurer.

Décontenancés, les passagers qui avaient trouvé refuge dans l'astronef parurent à l'entrée de la soute. Stoppée dans son ascension, la plate-forme redescendit, une couronne longue de vingt mètres accrochée à l'un de ses angles. D'un diamètre de deux mètres environ, le corps cylindrique de ce végétal était formé de filaments et de rubans soyeux entrecroisés en nids d'abeille. En nombre incalculable, ces « alvéoles » constituaient autant de cellules « sustentatrices » gonflées par le vent.

La plate-forme refit plusieurs voyages pour ramener au sol les passagers qui maintenant riaient de leur frayeur.

— Un beau gâchis ! maugréa l'ingénieur allemand en contemplant autour de l'appareil les vingt ou trente couronnes végétales dorées entassées sur plusieurs mètres de hauteur. Au travail ! Nous allons déblayer le terrain.

Tous se mirent à l'œuvre, empoignant à pleines mains la matière fibreuse de ces végétaux pour les traîner jusqu'à une cinquantaine de mètres du *Fulgurant*. Il ne fallut pas moins d'une demi-heure pour rassembler ces inoffensifs « envahisseurs » en un énorme tas au-delà de la limite de l'aire calcinée par les réacteurs.

— Regagnez le camp, ordonna Steinhoff en dégainant son pistolet à rayons thermiques. Le vent paraît s'être calmé et nous allons nous débarrasser de ces encombrants végétaux annulaires.

Soudain, des coups de klaxon retentirent au loin, vers le sud, cependant que Pierre Kaddoura, à bord du *Fulgurant,* recevait un message radio angoissé. Sur le qui-vive, Steinhoff se retourna et aperçut la jeep montée par le biochimiste Vernet, Brewster et Vera Perego. Le véhicule fonçait à une allure folle en cahotant dans un nuage de poussière, roulant en ligne droite à travers l'herbe mauve de la plaine.

La voix de l'Africain ne tarda pas à éclater dans les haut-parleurs extérieurs :

— Alerte générale ! Regagnez immédiatement l'astronef ! Une énorme créature surgie de la mer poursuit la jeep de Paul Vernet !

CHAPITRE IX

— *Santa Madona!* gémit Vera Perego, à demi retournée sur le siège arrière de la jeep. Plus vite, Paul! La... bête gagne du terrain!

Agrippés aux dossiers pour résister aux cahots du véhicule, la physiologiste et son compagnon John Brewster n'entendirent même pas le conducteur jurer après avoir jeté un coup d'œil dans le rétroviseur. Ils étaient fascinés par la créature de cauchemar qui les poursuivait : un énorme corps ventru, à la peau squameuse violette, long d'une dizaine de mètres et prolongé d'un cou démesuré. En guise d'yeux, sa tête reptilienne portait trois antennes hautes d'un mètre terminées par des globes d'un rouge irisé. Ses membres tenaient à la fois de la nageoire et des pattes de sauriens avec leurs doigts palmés aux griffes puissantes qui labouraient le sol.

Une longue crête épineuse courait sur le cou, le dos et l'épaisse queue annelée de la bête dont la gueule s'ouvrait et se refermait spasmodiquement avec un cri rauque. Ce hurlement, qui ressemblait à un assourdissant bruit de râpe entamant un bois sec, glaçait d'effroi les fuyards.

Le monstre bondissait, retombait, se tortillait sur dix ou quinze mètres, puis bondissait de nouveau, progressant chaque fois d'une longueur en direction de la jeep lancée à toute allure. Le véhicule, en débouchant sur l'aire calcinée, fit une dangereuse embardée en soulevant un nuage de cendre noirâtre. Un rude virage sur les jantes l'amena non loin du *Fulgurant* dont la plate-forme élévatrice emportait dans les airs une vingtaine de passagers serrés les uns contre les autres.

Karl Steinhoff et huit TAE s'étaient placés sur une ligne droite, à quelques mètres de la plate-forme. Armés de fusils à rayons thermiques, ils n'attendaient plus que l'arrivée de la jeep pour ouvrir le feu sur le monstre. Celui-ci s'était arrêté à deux cents mètres du camp de base encombré de caisses et de matériel épars. Il balançait son long cou de droite à gauche, ouvrant parfois sa gueule noirâtre et agitant furieusement ses trois yeux pédonculés.

— Grimpez sur la plate-forme ! ordonna Steinhoff aux deux hommes et à la jeune fille qui, sautant de la jeep, arrivaient au pas de course. Nous gagnerons également la soute..., si cette créature xénophobe ne charge pas avant le retour de l'élévateur, naturellement, ajouta-t-il sur un ton dont le calme impressionna la jeune fille.

La plate-forme amorçait sa descente lorsque, après avoir jeté un rauquement effroyable, la bête chargea en balançant son long cou de plésiosaure. A son deuxième bond, elle buta contre le cristal octaédrique, brillant et immobile à un demi-mètre du sol. Le monstre lança un autre cri, balançant sa tête de droite à gauche, arracha le drapeau européen et, à pleine gueule, il referma ses mâchoires aux dents acérées sur le cristal géant. L'octaèdre rendit un son étrange et mélodieux, mais il ne bougea pas d'un pouce. Sa luminescence augmenta brusquement d'intensité cependant que tous les cosmonautes éprouvaient soudain sur leur front une désagréable sensation de froid. Leur point frontal lumineux laissé par les cristalloïdes maintenant disparus vrillait également d'un éclat inaccoutumé.

Tout à coup, un épouvantable glapissement s'étrangla net dans la gorge de l'énorme créature qui s'affaissa lourdement sur le sol et demeura pétrifiée, la gueule grande ouverte. La luminescence de l'octaèdre reprit aussitôt sa clarté habituelle et le point frontal de chaque astronaute retrouva au même instant sa brillance atténuée.

Sidérés, l'ingérieur Karl Steinhoff et ses compagnons s'entre-regardèrent avant de reporter leur attention sur le polyèdre qui venait, inexplicablement, de terrasser le monstre.

— N'est-ce pas Rousseau qui baptisa ce cristal géant notre « ange gardien » ? murmura Karl d'une voix blanche.

— Oui, abonda pensivement Vernet. Il ne savait pas si bien dire. Qui eût cru que ce corps minéral apparemment inerte pouvait être encore *vivant* ?

— En tuant ce monstre pour nous protéger, il nous a non seulement prouvé qu'il vivait mais, aussi, que nous étions individuellement liés à lui par la marque luminescente laissée sur notre front après la disparition des mystérieux cristaux !

— En effet, quand le monstre amphibien a refermé ses mâchoires sur l'octaèdre, nous avons tous éprouvé une brusque sensation de froid au niveau du front, confirma la physiologiste italienne.

Ils s'approchèrent de l'extraordinaire cristalloïde au pied duquel s'était écroulée l'effrayante créature et un frisson d'angoisse rétrospective les secoua. Une curieuse résonance, mélodieuse et lointaine, émanait de l'octaèdre dont les faces brillaient sous l'éclat rosé du soleil capelléen. Les vibrations cristallines s'arrêtaient parfois et reprenaient, assourdies et ouatées, à peine audibles.

— Serait-ce son *langage ?* hasarda Sylviane Beauchamp venue les rejoindre avec les autres passagers.

— Peut-être, émit Steinhoff, évasif. Cette forme de vie est tellement éloignée de la nôtre qu'il serait vain de vouloir essayer d'établir un contact avec elle. Tout aussi vain, par exemple, que de tenter d'entrer en communication avec le peuple des abeilles, des termites ou celui des fourmis dont nous admirons pourtant la prodigieuse structure sociale et l'étonnante organisation méthodique. Ce cristal vivant nous « parle »-t-il ? Communique-t-il avec d'autres cristaux, sur ce monde ou ailleurs ?

— Rien ne nous autorise à penser qu'il est originaire de ce monde, observa la psychologue. En raison des diverses formes vitales — fluidique et solide — que nous lui connaissons, nous sommes même fondés à croire que ces états particuliers sont en fait deux aspects différents d'une troisième forme « *irreprésentable* » pour nous ou, encore, non « concrétisable » dans les quatre dimensions de notre continuum.

« L'apparition à bord du *Fulgurant* aussi bien que la présence ici de ce cristal vivant répond à une nécessité, à un besoin qui nous est et restera, je le crains, parfaitement étranger et incompréhensible. Nous pouvons tout au plus risquer d'interpréter ses actes et l'identifier avec une sorte de « Gardien ». Un « Gardien Collectif » qui, ne pouvant nous suivre tous à la fois, aurait dû engendrer d'autres gardiens, individuels ceux-là, qu'un mystérieux pouvoir a permis de se maintenir immuablement au milieu de notre front.

« Pas un instant l'idée ne nous a effleurés que ces petits cristaux pouvaient être en « communication », en liaison permanente avec le cristalloïde géant. Et la tache frontale lumineuse qui a par la suite remplacé les petits octaèdres reste elle aussi — nous venons de le voir par cette brusque sensation de froid — en liaison constante avec l'énorme polyèdre. Bien entendu, fit-elle avec réserve, je ne prétends pas le moins du monde avoir résolu cette énigme ; mon interprétation des faits demeure strictement hypothétique.

— En dépit de son côté fantastique, votre interprétation concorde logiquement avec les faits, avoua Steinhoff en faisant un pas vers la tête du monstre dont la carcasse répandait une odeur âcre et nauséabonde.

Brewster, Vera Perego et le biochimiste Paul Vernet contournèrent la tête gigantesque pour examiner l'intérieur rouge à reflets noirâtres de la gueule grande ouverte. A l'aide du canon de son fusil, Vernet s'efforça de soulever la langue triangulaire de la bête, masse de chair râpeuse mais sèche longue d'un mètre environ. Sa rigidité insolite l'intrigua. Il appuya fortement le canon de l'arme sur la pointe de la langue qui se rompit net et tomba à ses pieds ! Perplexe, il ramassa ce triangle de chair absolument sec et dur comme de la pierre en le tournant et le retournant entre ses doigts gantés.

— Voilà qui est peu banal ! La chair de cette langue est à la fois glacée et absolument desséchée.

Du canon du fusil il toucha en divers points le cou et le poitrail du monstre marin. La rigidité de l'animal disparaissait à peu près au milieu du long cou. Le tronçon inférieur du cou, le poitrail et le reste du corps présentaient une certaine mollesse compte tenu de l'épaisseur de la peau squameuse d'une étrange couleur lie-de-vin.

— Je comprends comment le cristal géant a pu tuer cette créature, prononça Vernet. Quand les mâchoires du monstre se refermèrent sur l'octaèdre, celui-ci produisit subitement un formidable champ de force qui abaissa instantanément la température ambiante bien au-dessous des – 30 degrés centigrades enregistrés à bord du *Fulgurant*. La gueule et une partie du cou de l'animal furent littéralement congelés, peut-être à – 50 ou – 100 degrés centigrades ! Ce champ de force inconnu a pu également induire une foudroyante décharge électrocutrice dans le corps de ce mastodonte.

« Ne nous demandons pas davantage si notre « ange gardien » est doué de moyens de défense naturels. Nous venons d'avoir la preuve qu'il en possède au moins un et des plus redoutables.

— Dieu merci, ce cristal « polymorphique » s'est toujours montré bien disposé à notre égard !

— J'espère qu'il ne changera pas d'avis ! rétorqua Steinhoff en portant machinalement ses doigts à son front.

Et, s'adressant à la fois au biologiste, à la physiologiste et à la zoologue antillaise, il ajouta en posant son pied sur le cou du monstre :

— Voilà de quoi vous distraire ! Mais avant de charcuter et disséquer cette aimable bestiole, nous allons la transporter à l'écart ; sa carcasse puante est pour le moins gênante aux abords du camp.

— La *transporter ?* tiqua Nicole Belmont. Vous n'avez pas l'air de vous douter que cet amphibien pèse dans les huit à dix tonnes à en juger par sa masse.

— Si, et c'est bien là ce qui m'inquiète. Il nous faudra obligatoirement le « tronçonner » en trois ou quatre « quartiers » que nous tirerons à l'aide de câbles fixés au tracteur électrique. Vous n'aurez plus alors qu'à vous partager les morceaux selon vos goûts !

— Dégoûtant ! grimaça Vera Perego avant d'ajouter : comment voulez-vous, avec un pareil puzzle, étudier correctement la physiologie et la structure anatomique de cette créature ?

— Désolé, Vera, mais la salubrité du camp est ici en jeu. Nous ne pouvons d'ailleurs laisser indéfiniment ainsi ce cadavre et devrons même le détruire demain. Outre le risque de décomposition rapide, il pourrait attirer des carnassiers qui verraient peut-être en nous d'appétissants hors-d'œuvre !

***

A bord de leur « scooter volant », le commandant Dutertre et la botaniste russe commentaient avec chaleur les messages successifs transmis par Pierre Kaddoura. Si la fausse attaque des couronnes végétales les avait par la suite fait sourire, le message relatant l'entrée en scène de la gigantesque créature marine les avait sérieusement alarmés.

— La présence de ce monstre amphibien si proche de notre point d'atterrissage risque de compromettre l'essor de la base unique puisque c'est à partir de notre camp que se développera la cité-champignon destinée aux colons.

— Je n'en suis pas certain, Lydia. Dans l'immédiat, je le reconnais, ces monstres passablement irascibles présentent un danger pour notre expédition. Cependant, lorsqu'il s'agira d'établir depuis notre camp jusqu'au bord de la mer une cité de transition qui préfigurera la ville « en dur » de la colonie terrienne, des moyens de protection efficaces seront envisagés, tels par exemple que l'installation de champs sous-marins électrifiés qui, au large des côtes, en interdiront l'accès.

— A la longue, ces monstres ne tenteront-ils pas de contourner ces champs électriques sous-marins pour aborder au-delà des limites côtières protégées ? Il nous faudrait également ceinturer la cité d'un second champ électrifié pour la mettre à l'abri d'une attaque venue par voie de terre.

— Les promoteurs du *Projet X* ont effectivement prévu ce dispositif à grande échelle. Au demeurant, un réseau électrocuteur — de moindre importance, il est vrai — figure dans le matériel transporté par le *Fulgurant.* Dès demain matin, c'est par son installation que nous commencerons notre seconde journée passée sur Europa.

— Commandant ! Regardez à droite, à la lisière de la forêt.

Il dirigea l'hélico-scooter vers le point désigné et survola la forêt luxuriante où le grand fleuve dessinait ses méandres en roulant ses eaux étrangement rosâtres. Au-delà s'étendait une plaine herbeuse, mauve et rose, plantée de hauts arbustes et arbrisseaux disposés en cercle. Leurs branches torturées semblaient à leur extrémité pourvues d'énormes mains griffues.

Le vaste cercle de ces « doigts » noueux retenait dans ses griffes l'une de ces singulières couronnes végétales dorées à structure alvéolaire. A perte de vue, d'autres cercles d'arbrisseaux noirs et décharnés soutenaient d'innombrables « couronnes » que le vent agitait mollement.

— Voici donc ces fameuses « fleurs » géantes que nos amis ont prises tout à l'heure pour des monstres volants ! Parvenues à maturité complète, leurs attaches griffues doivent se rompre ou s'effriter complètement pour libérer de leurs « serres » ces énormes aigrettes annulaires dorées. Il suffit alors que le vent se lève et atteigne une certaine violence pour qu'elles soient arrachées de leurs supports et transportées dans les airs à de très grandes distances. La flore terrestre nous offre d'ailleurs un processus relativement analogue chez certaines *composées,* notamment chez le *Taraxacum officinale* des *Liguliflores.*

— Je me garderai bien de vous contredire, fit-il comiquement à l'énoncé de ces termes barbares. Jamais entendu parler de ces phénomènes.

— Excusez-moi, sourit-elle, j'aurais dû préciser que le *Taraxacum officinale* n'est autre que le pissenlit ! Le pissenlit dont les aigrettes soyeuses en forme de sphère voltigent dans le vent.

Délaissant la plaine, ils survolèrent la forêt, particulièrement dense, avec des arbres au tronc rouge et violet, massif mais curieusement torsadé, qui s'élevaient parfois jusqu'à soixante et soixante-dix mètres de haut. Les uns étaient pourvus de branches flexibles recouvertes d'une insolite fourrure grenat qui luisait sous les rayons bleus rosés du soleil binaire. Des lianes-rubans et des lianes filandreuses mais translucides, aux tons les plus vifs, reliaient entre eux la plupart des troncs géants, dressant de véritables barrières végétales touffues atteignant quinze à vingt mètres de hauteur. D'autres arbres, très droits et moins hauts, déployaient à leur faîte des branches plates formant un curieux parasol de couleur incarnate à zébrures vertes. Çà et là, de gigantesques aigrettes annulaires dorées transportées par le vent se balançaient, accrochées à la cime ou aux branches d'un arbre telle une guirlande de Noël.

— Pas facile d'apercevoir des spécimens de la faune dans cet inextricable enchevêtrement de branches et de lianes, maugréa le commandant Dutertre. Des créatures grouillent peut-être, au sol, sous ce dais végétal que forment ces parasols rose vif ou ces branchages flexibles enrubannés de filaments et de toiles soyeuses.

— Une exploration au sol sera indispensable pour nous en rendre compte.

— Pour l'heure, consacrons nos efforts à installer le camp de base. Dans les jours qui suivront, nous pourrons alors songer à pousser une reconnaissance dans cette forêt à bord des jeeps.

A quelques kilomètres vers l'est ils aperçurent, brillant au soleil, la coupole et les pales tournoyantes d'un hélico-scooter. Le commandant Dutertre mit le contact à l'émetteur-récepteur de bord et appela :

— Capitaine Van Hagen ?

— Oui, mon commandant, répondit immédiatement le chef des TAE.

— Nous entrons dans votre zone d'opération, Van Hagen. Rien à signaler ?

— Si, justement. J'allais vous appeler. Voulez-vous nous rejoindre ? Nous avons découvert sur les rives du fleuve quelque chose d'assez inattendu.

— Vraiment ? fit-il en mettant le cap à l'est. Un monstre bicéphale ou un dragon volant ?

— Je ne pense pas que nous puissions associer ce genre de créature à notre découverte.

— Bon, vous ne voulez rien dire, sourit-il, amusé par le ton dépourvu d'inquiétude du capitaine. Voyons donc cette surprise...

Il prit de la hauteur en direction de l'hélice plafonnant au point fixe et admira l'immense étendue de la forêt qu'ils venaient de survoler à faible altitude. L'appareil de l'officier belge se maintenait presque à la verticale de la rive droite du fleuve. Dutertre immobilisa son engin à dix mètres de l'autre et, alors seulement, ce qu'il découvrit au bord du fleuve le laissa bouche bée. Sans erreur possible, cet assemblage de formes géométriques rosées régulièrement espacées les unes des autres, était *une ville.* Une étrange ville morte dévorée par la végétation, couverte de lianes, emprisonnée sous une masse de fibres, de rubans translucides et soyeux qui ondulaient et frissonnaient au souffle du vent.

Le tracé d'une route, aux trois quarts recouverte de terre et d'humus végétal, s'éloignait vers le nord-est en direction de la forêt. Seul le tracé de cette voie, large de sept à huit mètres, subsistait en offrant un contraste avec les irrégularités du sol pierreux et mamelonné.

— Vous... ne dites rien, commandant ?

— Bonté divine ! Je dis que c'est... inouï et très embêtant à la fois !

— Embêtant ?

— Fichtre ! Une ville est l'évident témoignage d'une civilisation. Or, si cela est réjouissant quant à la confirmation de la pluralité des mondes habités, c'est par contre ennuyeux pour nous qui venons de débarquer sur cette planète point aussi vierge que nous le pensions !

— Etouffant sous la végétation, cette ville a l'air morte, tout à fait morte et inhabitée.

— L'agglomération est peu importante ; selon nos conceptions de l'urbanisme, elle paraît même être un village. Un village abandonné comme il en existe en assez grand nombre sur la Terre, depuis l'émigration de leur population vers les grandes cités.

— Peut-être. Nous nous posons, commandant ? Cela fait un quart d'heure que nous observons cette ville morte, Rousseau et moi, et depuis, rien n'a bougé.

— Oui, je crois que nous pouvons nous poser. Attendez une minute, Van Hagen ; je vais préalablement signaler notre position à la base.

Quelques instants plus tard, les deux scooters de l'air se posaient en vrombissant à même la vieille route noyée de poussière et de débris végétaux spongieux. Maintenant réunies, les deux équipes de reconnaissance aérienne marchèrent vers l'étrange village abandonné. Certains de ses édifices heurtaient les concepts esthétiques des Terriens, tels ces cubes rosés aux angles tronqués, aux façades tantôt translucides, tantôt métallisées et percées de hautes fenêtres ovales. D'autres choquaient et détonnaient tout à fait avec leur allure de parallélépipède singulièrement oblique ; leurs portes affectaient l'aspect de deux parenthèses superposées et d'énormes barreaux disposés en quinconce garnissaient leurs plus basses fenêtres ovales. Ces « chefs-d'œuvre » de l'insolite se pressaient autour d'une sorte de minaret ou de colonne torse ressemblant à certains arbres géants de la forêt. Un indescriptible enchevêtrement de plantes roses ou verdâtres, jaunes ou violines enveloppaient toute la cité ; des mousses noirâtres dévoraient comme une lèpre répugnante les murs, les façades des édifices, leurs toits. Une espèce de lichen filandreux bleu et mauve se mêlait à la mousse pour envahir les rues de ce village-fantôme bâti par des êtres inconnus, des êtres pensants qu'une nécessité impérieuse avait dû contraindre à abandonner.

Leurs pistolets à rayons thermiques braqués devant eux, les Terriens avançaient lentement tout en communiquant en permanence avec la base grâce à leurs émetteurs-récepteurs individuels. Au moment où ils allaient emprunter un chemin couvert, qui s'enfonçait sous un groupe de maisons dont la façade translucide s'inclinait sur leurs têtes, le radio du *Fulgurant* leur adressa ce message :

— Le lieutenant Vogel et Gavin Rice viennent de signaler avoir eux aussi découvert à quatre-vingts kilomètres au nord du fleuve une ville apparemment analogue à celle que vous décrivez, commandant. Nulle trace de vie mise à part une végétation envahissante qui dévore totalement les édifices. Deux routes partent de cette seconde ville, l'une vers l'ouest, l'autre vers le sud-est.

— Procédons avec méthode, Pierre. Ordonnez au lieutenant Vogel et à Rice de suivre la route ouest. Inutile qu'ils atterrissent; leur ville doit être dans le même état que celle où nous avons atterri. Après une rapide visite, nous survolerons la route qui, de notre cité-fantôme, s'éloigne vers le nord-est. L'heure du retour au camp reste inchangée. Terminé.

Le commandant Dutertre retira d'un étui de son ceinturon une torche électrique et, le premier, il s'engagea sous le chemin couvert, large de quatre mètres et haut de cinq. Les bottes s'enfonçaient dans une épaisse couche de particules végétales accumulées là depuis des lustres par le vent. En surface, ces particules étaient sèches mais, en profondeur, leur accumulation formait un humus répugnant, glaireux où les Terriens glissaient fréquemment.

A un coude du chemin couvert ils aperçurent, dix mètres plus loin, la lumière du jour rosé. La voûte aboutissait à une cour intérieure couverte d'un entrelacs de lianes, de fibres et de filaments translucides qui dessinaient sur les murs un canevas d'ombres insolites. Sur le sol, comme partout ailleurs dans cette cité-fantôme, l'humus et la poussière étouffaient le bruit de leurs pas.

Au milieu de la cour trônait une sphère de pierre haute d'un mètre, partiellement brisée et à la fois rongée de lichens et polie par endroits par la pluie. A terre gisait une statue, en pierre également, mais réduite en fragments épars dont les plus gros n'excédaient pas le volume du poing. Dans cet amas de pierrailles informes, un socle ovale, probablement posé jadis sur la sphère, avait été épargné. Il conservait la forme d'un étrange pied — ou d'une patte animale ? — constitué par trois doigts spatulés, gros, longs et griffus, prolongeant une masse triangulaire. Du second « pied », il ne restait qu'une empreinte à demi effacée par l'érosion.

— La chute accidentelle de cette statue suffirait-elle à expliquer pareille fragmentation ?

— On dirait plutôt qu'elle a été mise en pièces, Lydia ! fit observer le capitaine Van Hagen en montrant, sur le socle, une brisure qui portait encore le point d'impact d'un outil ou d'un objet ayant servi à le détruire.

— Les édifices que nous avons vus jusqu'ici, de l'extérieur du moins, ne paraissent pas avoir souffert de destructions, seuls le temps et les végétaux les ont attaqués, déclara prudemment le commandant Dutertre. Mettons un frein à notre imagination et ne voyons pas dans cette statue brisée l'œuvre d'un iconoclaste ou d'un vandale originaire de ce monde.

Ils franchirent un porche, dans le mur droit

de la cour, et se trouvèrent dans une pièce nue de grandes dimensions. Le soleil y pénétrait à flots par cinq fenêtres ovales dont une seule conservait une « vitre » rose, très épaisse, irrégulièrement dépolie par les grains de sable et de terre projetés contre elle par le vent depuis des siècles peut-être. Des socles massifs, des piédestaux — tous vides — s'alignaient contre les murs. Dutertre, du bout de sa botte, écarta la poussière et l'humus qui, là aussi, recouvraient le sol. Celui-ci était constitué par une espèce de porphyre rougeâtre littéralement truffé de billes bleu pâle, rosées ou blanches d'une limpidité parfaite rappelant par leur éclat le scintillement du diamant.

Rousseau s'accroupit, déblaya rapidement le sol des innombrables particules végétales qui le dissimulaient puis il étouffa une exclamation. Sceptique, Dutertre hasarda :

— Vous croyez que ces billes...

— Sont des diamants ? Ça m'en a tout l'air, commandant !

Chassant l'humus à coups de botte, ils finirent par découvrir une dalle disjointe de cinquante centimètres de côté qui se laissa enlever sans trop de difficulté. Encastrées dans le porphyre rouge, ces gemmes étincelantes formaient un motif géométrique spiralé.

— Ce spécimen fera la joie de notre géologue, fit Rousseau en prenant sous son bras cette dalle qui pesait une dizaine de kilos.

Dutertre et Van Hagen examinaient déjà l'un des socles dressés contre le mur. Sur le piédestal de section ovoïde subsistait une marque triangulaire d'une teinte plus claire que celle de la pierre.

— Chaque socle devait porter une plaque triangulaire qui a été enlevée.

— Les statues ont dû prendre le même chemin !

— Que ces cités aient été abandonnées subitement à une époque reculée, cela ne fait guère de doute, Rousseau, admit le chef d'expédition. Mais quel besoin leurs occupants ont-ils eu d'emporter avec eux des statues ? Ou bien de détruire la statue de la cour intérieure au point de la rendre méconnaissable ?

— C'est d'autant plus inexplicable que cette ville n'a pas l'air d'avoir été pillée ou saccagée par des envahisseurs. Pour quelle raison les autochtones, avant de fuir, auraient-ils pris la précaution de détruire leurs effigies ?

— Laissons aux futures équipes d'archéologues le soin de résoudre ces énigmes, et hâtons-nous d'achever cette visite sommaire, décréta l'officier supérieur.

A l'extrémité de la longue salle s'ouvraient trois portes, hautes de trois mètres, dont les contours dessinaient deux parenthèses juxtaposées.

— Avez-vous remarqué que presque toutes les portes ont ici cette même forme insolite ? murmura pensivement la botaniste. Serait-ce là une indication quant à l'aspect général des constructeurs de cette cité ?

Un bruissement bizarre leur parvint, dominé par des raclements qui se rapprochaient. Les trois hommes et la jeune fille s'étaient prestement saisis de leurs armes avant de courir jusqu'à la porte donnant sur la cour intérieure. Leurs regards se portèrent d'emblée vers le chemin couvert et tous quatre se reculèrent vivement : à l'angle du passage on distinguait dans la pénombre deux lueurs obliques, phosphorescentes, à un mètre l'une de l'autre. Elles semblaient se détacher d'une sphère noirâtre et velue. En entrant dans la zone mieux éclairée, la « chose » prit l'aspect d'une monstrueuse chenille dont le corps boudiné offrait un diamètre d'au moins deux mètres. Sa tête — une boule brunâtre d'un mètre cinquante armée d'un effrayant bec crochu — émergea du passage couvert. Ses yeux obliques clignèrent et son bec fit entendre une série de claquements rapides. Avec des soubresauts et des ondulations, son corps flasque s'avança dans la cour et rampa en direction des Terriens.

Claude Rousseau recula d'un pas en serrant contre lui la plaque de porphyre incrustée de diamants :

— Si vous n'y voyez pas d'inconvénient, commandant, nous pourrions remettre à plus tard la visite des lieux !

L'officier se rangea sans peine à cet avis et tous quatre franchirent en hâte l'une des trois portes du fond. Dans la pièce voisine, de moindres dimensions, ils se glissèrent entre les énormes barreaux en quinconce d'une large fenêtre et sautèrent dans la rue. Au pas de course, ils regagnèrent leurs hélico-scooters en trébuchant parfois sur des branches ou des pierres recouvertes d'humus.

— Même herbivore, une chenille de ce format n'a rien de rassurant ! souffla le topographe.

— Le gigantisme semble être le trait dominant d'Europa : aigrettes végétales géantes en forme de couronne, monstres amphibiens et chenilles mastodontes !

— Nous allons rallier séparément le camp de base, ordonna le commandant Dutertre. Van Hagen, vous survolerez cette route vers l'est ; si vous ne découvrez rien d'ici à une cinquantaine de kilomètres, vous mettez le cap au sud, vers le camp. Nous effectuerons la même manœuvre en suivant la route orientée sud-ouest.

***

Le disque flamboyant du géant Capella se levait à l'horizon, dessinant sur la mer étale une traînée de feu bordée de franges miroitantes. Sous l'éclat rose-orangé du soleil, la plaine et la forêt, à travers des écharpes de brumes, prenaient des teintes sanguines du plus étrange effet. Le soleil bleu, lui, n'apparaîtrait qu'une heure plus tard vers le nord-est.

Dans le camp régnait déjà une bruyante activité parmi les cosmonautes debout pour la plupart depuis l'aurore. Nul signal, pourtant, ne les avait encore tirés de leur sommeil à l'aube de cette quatrième nuit de leur séjour sur *Capella IV*. Toutefois, l'exaltante aventure qu'ils vivaient les avait incités à se lever très tôt, impatients qu'ils étaient de poursuivre l'exploration de ce monde captivant.

Effectivement, chaque jour, les reconnaissances aériennes à bord des hélico-scooters amenaient la découverte de nouvelles villes mortes, dévorées par la végétation et tout aussi mystérieuses que la cité-fantôme sommairement visitée par le commandant Dutertre et ses trois compagnons le jour même de leur arrivée sur Europa.

A 7 heures — l'heure terrestre de 60 minutes, quoique impropre à cette planète, ayant été conservée momentanément par la force des choses — le chef d'expédition répartit par équipes le travail de cette cinquième journée. Les astronautes, alignés devant les baraquements achevés depuis quarante-huit heures, prenaient connaissance de ses directives et quittaient les rangs au fur et à mesure de leur affectation à une tâche déterminée.

— Claude Rousseau, Gavin Rice, Nicole Belmont et Georges Vidal, appela-t-il. Chargez vos instruments et équipements respectifs sur la jeep n° 3 et prenez avec vous des rations de vivres pour le repas de midi. Comme convenu hier soir, vous irez prospecter la zone rocailleuse à faible densité de végétation qui se trouve à la bordure sud-est de la forêt, proche du fleuve.

« Rousseau, vous terminerez là vos premiers relevés de terrain puisque aussi bien ce promontoire vous offrira une vue d'ensemble de la plaine jusqu'au-delà du camp, vers la mer. Rice, tout en prospectant le terrain lui aussi, pourra vous seconder le cas échéant comme il l'a fait ces derniers jours.

« Vous, Nicole, et vous, Georges, ajouta-t-il à l'intention de la zoologue et de l'entomologiste, vous pourrez vous livrer à vos recherches dans la zone où Rousseau et Rice opéreront. Je vous souhaite de trouver d'intéressants spécimens de la faune europane mais, pour l'amour du ciel, ne ramenez pas au camp un monstre antédiluvien! Nous ne sommes pas équipés pour accueillir ce genre de pensionnaire!

Les membres de l'expédition rirent à cette boutade tandis que les trois hommes et la jeune fille désignés sortaient des rangs pour aller charger leur équipement dans la jeep radio nº 3.

Piloté par Claude Rousseau, le véhicule — encombré de sacoches à bandoulières, de boîtes abritant le matériel de l'entomologiste et d'un coffret renfermant le théodolite du topographe — quitta le camp un quart d'heure plus tard. A l'arrière de la jeep avaient pris place Gavin Rice et Georges Vidal, séparés par les longs piquets et les mires de Rousseau qui, lui, partageait la banquette avant avec la jeune zoologue antillaise. Portant des cuissardes en polyvinyle par-dessus leur collant bleu ciel, les membres de cette équipe étaient armés chacun d'un pistolet à rayons thermiques et d'une puissante carabine télescopique à balles explosives. Peu chargée, Nicole Belmont s'était munie d'un fourre-tout avec appareil photo, flash et jeu complet d'objectifs et de filtres.

Roulant à faible allure à travers la plaine herbeuse qu'ils traversaient en diagonale, ils ne tardèrent pas à être rendus, proche du fleuve, au pied de la barre rocheuse d'assez faible hauteur qui, à cet endroit, séparait la plaine de la forêt. Ce promontoire, d'un ocre vif à tons marbrés de rose et de brun par endroits, s'étendait sur quelques centaines de mètres seulement et mourait en déclivité vers le fleuve.

Sur les crêtes, à soixante-dix mètres de hauteur environ, des touffes de végétaux mauves et des sortes de guirlandes pourpres et jaunes frissonnaient sous la brise et pendaient dans le vide. Les eaux du fleuve roulaient avec un bruit sourd dont la régularité finissait par devenir obsédante. Chargés de leurs sacoches en bandoulière avec leurs carabines, les trois hommes et la jeune fille entreprirent de gravir la déclivité menant au sommet de l'escarpement. Le topographe portait sur son dos un trépied télescopique. Le coffret du théodolite ballottant contre ses flancs, il pestait en escaladant les rochers :

— Quelle idée de n'avoir amené que trois héli-scooters à bord du *Fulgurant !* Nous voilà forcés de jouer les alpinistes, maintenant !

Nicole Belmont, qui en guise de matériel ne portait que ses armes et la sacoche de son appareil photographique, grimpait la première et distançait allègrement ses compagnons. Regardant par-dessus son épaule, elle pouffa à la vue du topographe qui, d'un geste agacé, rejetait dans son dos le sac cylindrique du trépied.

— Quel râleur tu fais, Claude !

— Vraiment ? Prends donc à ma place tout

ce barda et nous verrons alors si tu conserveras la même agilité !

Ils atteignirent enfin le sommet après un dernier raidillon et poussèrent un profond soupir de soulagement. Le promontoire formait un petit plateau long de trois cents mètres sur quelque trente à quarante mètres de large seulement avec, en son milieu, un volumineux rocher. Le sol, très pauvre en végétaux, entretenait de rares touffes d'herbes mauves ou des guirlandes carminées qui s'étalaient de place en place dans les interstices et les failles où elles avaient pris racine. Ce fut au tour de la zoologue de faire grise mine :

— Ce n'est sûrement pas ici que je trouverai d'intéressants spécimens de la faune locale.

— Quelle râleuse ! railla le topographe en calant solidement son trépied non loin du bord de l'escarpement pour y fixer ensuite le théodolite.

Avant de procéder aux premiers relevés angulaires, Claude Rousseau jeta un coup d'œil dans la lunette inférieure de l'appareil braqué sur le camp, situé à moins d'un kilomètre de leur position. Il suivit un instant les allées et venues de ses camarades qui donnaient l'impression de fourmis besogneuses par rapport au gigantesque fuseau de l'astronef, puis il revint à ses compagnons.

— Ne vous éloignez pas trop, plaisanta-t-il en embrassant du regard le plateau exigu vers le milieu duquel se dirigeaient Gavin Rice, Vidal et la zoologue antillaise, attirés par le massif rocheux.

L'entomologiste et Nicole Belmont abandonnèrent le géophysicien à mi-chemin pour s'accroupir devant une touffe d'herbe mauve bordée de guirlandes où ils avaient vu disparaître deux petits animaux, des scarabées peut-être. Le géophysicien poursuivit seul son chemin en direction du grand rocher, s'arrêtant parfois pour examiner une pierre et la ramasser ou pour faire sauter un éclat de roc à l'aide de son marteau de minéralogiste. Il fit lentement le tour du massif oblong long d'environ trente mètres et entreprit ensuite d'escalader les blocs dispersés à sa base.

Juché sur l'un d'eux, il s'apprêtait à grimper sur une corniche lorsque son marteau lui échappa et tomba entre le bloc erratique et la paroi. Il se mit à plat ventre, récupéra son outil et remarqua alors que celui-ci, en tombant, avait chassé une partie de la terre accumulée dans l'interstice. Sous cette terre apparaissaient des fragments noirâtres qu'il dégagea et saisit entre ses doigts. A l'aide d'une brosse ronde et dure en crin de nylon, il nettoya sommairement l'objet et tiqua : il s'agissait d'un morceau de charbon de bois. Sa découverte le laissa perplexe ; ce bois avait-il été brûlé dans un incendie de forêt voisine ou bien était-ce là les vestiges de feux allumés par les mystérieux habitants disparus de cette planète ?

Il ne voulut point faire part de sa découverte à ses camarades car, somme toute, l'origine de ce charbon de bois pouvait fort bien être des plus naturelles. Poursuivant son ascension, le géophysicien se hissa sur le second bloc formant gradin autour de la masse rocheuse. Là, une surprise l'attendait. Derrière ce bloc, en contrebas, s'ouvrait une trouée dont la gueule sombre attira immédiatement son attention. Il descendit entre les deux rochers et, son pistolet d'une main et sa torche de l'autre, il risqua un œil dans cette ouverture de un mètre vingt de côté approximativement.

Le faisceau de sa lampe éclaira une excavation naturelle qui, après un court boyau, s'élargissait pour former une grotte d'environ huit mètres de long sur cinq mètres de large et haute de deux mètres cinquante maximum. La cavité, en cul-de-sac, ne paraissait pas avoir de ramification. Le sol, terreux, était jonché de débris bizarres couverts de terre et de poussière. Gavin Rice demeura indécis : devait-il entrer dans cette grotte ou bien prévenir préalablement les autres ? Il scruta longuement le réduit pour s'assurer qu'aucun animal n'y avait établi sa tanière et se décida à y pénétrer, à quatre pattes, sans toutefois lâcher son pistolet à rayons thermiques.

En remuant la terre à l'aide du marteau, proche de l'entrée, il mit à jour une épaisse couche de charbon de bois et de fragments d'os calcinés. Stupéfait, il dégagea bientôt du sol friable une sorte de récipient métallique verdâtre, oxydé à l'extrême, tordu et cabossé mais dont la forme générale s'apparentait à celle d'un grand bol, un bol mesurant une quarantaine de centimètres de diamètre. A son bord était fixée une espèce de grosse équerre, en métal rougeâtre, dont la longue branche verticale portait sept trous de cinq centimètres chacun. L'Américain ressortit précipitamment de la grotte et se jucha sur le rocher en plaçant ses mains en porte-voix :

— Ohé ! Venez donc par ici. J'ai découvert une grotte !

Rousseau, Vidal et Nicole abandonnèrent leurs instruments pour venir le rejoindre en se demandant toutefois ce que la découverte d'une grotte pouvait avoir de si palpitant pour motiver l'excitation du géophysicien.

— Que dites-vous de ça ? fit-il en brandissant le grand récipient verdâtre couvert d'une rouille brun-orangé.

Le topographe et Nicole s'entre-regardèrent en arrondissant les épaules, peu impressionnés.

— C'est tout ce que vous avez trouvé ? Ce vieux truc rouillé ?

— Sapristi ! grommela Rice en brossant vigoureusement la partie la moins oxydée du lourd objet. Vous ne voyez donc pas la finition, le travail, perfection technique, si je puis m'exprimer ainsi, de ce récipient ? Venez, enjoignit-il en se baissant pour les précéder dans la grotte. Jetez un coup d'œil à ces innombrables fragments de charbon de bois et d'os calcinés mêlés à la terre. Ces vestiges prouvent que pendant longtemps des êtres ont fait du feu, ici, pour cuire leurs aliments dans ce récipient. Vous pensez à des primitifs, je suppose ? Dans ce cas, comment des primitifs auraient-ils pu posséder cet ustensile, indiscutablement *usiné* ?

— Ma foi... Du temps de leur règne, les bâtisseurs des villes maintenant abandonnées ont pu, tout comme nous, pratiquer le camping, suggéra le topographe.

— Et vous trouvez normal qu'ils soient venus camper pendant des lustres dans une grotte ? Car ils ont dû vivre là très longtemps si l'on en juge par l'importance de la couche de charbon de bois et d'os calcinés.

— Eh ! regardez donc ça ! s'écria Nicole en contemplant, sur la paroi droite de la grotte, une infinité de figures gravées dans le roc.

Ils se rapprochèrent, vivement intrigués. Les parois rocheuses avaient été divisées en une multitude de rectangles hauts de trente centimètres et longs de cinquante centimètres sur lesquels étaient gravés, avec un art consommé, d'étranges créatures, des paysages, des scènes bizarres et des édifices étonnamment semblables à ceux des villes mortes. A droite de chaque case, sur quatre ou cinq lignes verticales, s'étageaient des symboles ou des caractères également gravés dans le roc.

— Il est impensable que ces dessins, ces gravures aient été l'œuvre de primitifs, murmura Gavin Rice, déconcerté. Cette série de fresques ou bas-reliefs, remarquables de finesse, de précision, n'a pu être faite qu'avec un instrument de métal extrêmement résistant tenu par un artiste... Un artiste qui savait également lire et écrire car les signes ou symboles verticaux, à droite de chaque case, constituent certainement les légendes explicatives des dessins gravés à leur gauche.

— Probable, admit Rousseau, mais je ne vois toujours pas pourquoi un « artiste » autochtone serait venu perdre son temps dans cette grotte au lieu d'exercer son talent dans l'une des nombreuses villes de la planète lorsqu'elle était encore peuplée.

Le géophysicien resta silencieux à contempler sur une fresque les étranges créatures bipèdes dont le corps volumineux, étranglé à la ceinture, formait une sorte de huit grotesque selon l'optique des Terriens. Ornée d'une crête, leur tête en pain de sucre portait deux yeux obliques démesurés ; leur nez, plat, se résumait à des bourrelets cerclant trois orifices. Quant à leur bouche, elle paraissait énorme.

Ovoïde, leur tronc possédait quatre bras comportant deux articulations entre l'épaule et la main, une main aux sept longs doigts griffus. Ces surprenants détails anatomiques étaient révélés aux Terriens par une case où figuraient uniquement trois sujets de grande taille. Leurs jambes, torses, possédaient également deux articulations entre la « hanche » et le pied, un pied singulier avec ces trois orteils largement spatulés et pourvus de griffes.

— Ces êtres sont vraisemblablement les bâtisseurs des villes mortes que nous visitons depuis cinq jours, observa Nicole. Rappelez-vous la sphère de pierre ayant servi de socle à la statue brisée ; à sa partie supérieure, elle conservait encore la sculpture d'un pied analogue à ceux de ces créatures. Etranges créatures, en vérité, ajouta-t-elle, pensive.

— En effet, reconnut le géophysicien. Elles

ressemblent à deux poires renversées l'une sur l'autre.

— Je ne parlais pas de leur morphologie mais de leur fonction génitale.

— Diable ! sourit Claude Rousseau. Aurais-tu percé le mystère de leur sexualité ?

Elle ne répondit point au topographe mais consulta l'entomologiste :

— Qu'en pensez-vous, Georges ?

— Eh bien ! commença-t-il, embarrassé, la réunion dans une même case de ces trois spécimens anatomiquement différents paraît devoir confirmer votre impression, Nicole. Sauf erreur ou fantaisie hautement improbables de la part de l'artiste auteur de ces figures, ces trois créatures présente chacune, dans leur intégrale nudité, un sexe différent.

— Vous... Vous voulez dire que le cycle de reproduction de ces êtres exige le concours de *trois sexes ?*

— Biologiquement, la chose n'est pas ridicule, Claude, approuva l'entomologiste.

— Je ne sais pas si biologiquement cette hypothèse est valable mais, logiquement, je la trouve un tantinet farfelue !

— Seigneur ! exhala Nicole Belmont, en arrêt devant la case suivante.

Ces gravures montraient les deux premiers êtres debout et le troisième incliné, dans une position de chute, les bras ballants et la tête rejetée en arrière. La pointe d'une octaèdre s'enfonçait dans sa poitrine.

— Le... Un cristal octaédrique ! balbutia le

topographe en braquant le faisceau de sa torche sur le dessin.

— Ces créatures connaissaient donc elles aussi les mystérieux cristaux polymorphiques ?

— Sur la case suivante, le « Capelléen » — appelons ainsi l'ancien peuple d'Europa — qui a été frappé par l'octaèdre est couché, mort peut-être, tandis que les deux autres paraissent tomber sans avoir été touchés par le cristal.

La prochaine case représentait une multitude de Capelléens en train de fuir tandis que, sur le sol, plusieurs de leurs semblables gisaient, un octaèdre enfoncé dans le corps !

— Ces fresques nous retracent une terrible tragédie, murmura la jeune Antillaise. Et cette tragédie confirme bien l'existence de trois sexes chez l'espèce qui jadis peuplait Europa.

— Comment avez-vous abouti à cette conclusion, Nicole ?

— Réfléchissez, Gavin. Les trois sujets représentés sur l'autre case sont sexuellement différents. Les trois sexes de cette race ont donc un rôle réciproque indispensable à jouer dans l'acte génésique. Supprimez l'un des trois sexes et la procréation devient impossible.

— Et l'espèce s'éteint ! s'écria Rousseau. C'est donc cela qu'a voulu illustrer l'artiste en gravant l'un de ses semblables frappé par l'octaèdre. L'un des sexes supprimé, les deux autres devenaient incapables d'engendrer !

— Les cristalloïdes n'ont donc pas exterminé les Capelléens d'un seul coup, sans discrimination, mais ils ont au contraire frappé l'un des trois sexes, certains que sa disparition entraînerait automatiquement celle des autres.

— En fait d'anges gardiens, grimaça Rousseau, les octaèdres ont été pour ces êtres des « anges exterminateurs » ! Quels forfaits les Capelléens ont-ils bien pu commettre pour mériter pareille fin ?

— Examinons ces gravures et peut-être obtiendrons-nous une réponse, à condition que nous sachions évidemment les interpréter.

L'extraordinaire pouvoir évocateur de l'artiste auteur de ces figures leur permit effectivement d'obtenir, à défaut d'une relation précise, des indications assez claires quant à l'origine de ce véritable génocide. Après avoir consacré plusieurs heures à l'examen des cent huit cases décorant la paroi lisse, les astronautes acquirent la conviction que la présentation des événements gravés et leur chronologie relevaient d'une méthode archaïque également employée par certains peuples terrestres des millénaires passés.

La perspicacité de Nicole Belmont en matière d'interprétation des gravures rupestres étonna sincèrement ses amis.

— Les Capelléens, commenta-t-elle, utilisaient pour la présentation chronologique de leurs gravures le principe des signes graphiques en *boustrophédon* (1). Mais leur classe-

(1) Mode d'écriture archaïque où les lignes se succèdent alternativement de gauche à droite et de droite à gauche (anciennes inscriptions grecques, hiéroglyphes de l'île de Pâques ou *rongorongo*, etc.).

ment « boustrophé » était par surcroît inversé, c'est-à-dire que le début de cette fresque part de la première case à droite de la rangée inférieure proche du sol.

« Dans ce rectangle, nous voyons une représentation schématique du système solaire capelléen. Stylisé, un engin spatial ovoïde se dirige vers Capella IV. La trajectoire figurée en zigzag semble indiquer que ce vaisseau était en difficulté. En effet, plus loin, l'énorme appareil est couché sur le sol, à son arrivée à Europa. Les Capelléens accourent en foule, brandissant des couteaux ou des sabres dans leurs quatre mains. Par centaines, des créatures sensiblement humanoïdes, en tout cas beaucoup plus « humaines » d'aspect que ne l'étaient les Capelléens, sortent de l'engin ovoïde accidenté. Au gré des figures qui relatent l'histoire des derniers temps de cette planète, il semble que l'artiste ait voulu montrer ces humanoïdes comme étant... inoffensifs et vraisemblablement plus évolués que ses contemporains.

— Pour avoir dessiné la trajectoire sinueuse d'un cosmonef en difficulté, remarqua Rice, il a nécessairement fallu que les Capelléens sachent ce qu'était un cosmonef.

— La chose n'est pas incompatible avec ma « théorie », admit-elle. Nous-mêmes, à l'époque de Jules Verne, nous *savions* ce qu'était un astronef, mais nous étions bien incapables d'en réaliser un en pratique. Les Capelléens pouvaient donc savoir que ces humanoïdes venaient d'une autre planète. Ils savaient apparemment aussi que ces êtres avaient abordé leur monde à la suite d'un accident, d'une avarie.

« L'artiste nous dépeint ces humanoïdes sous le jour de créatures pacifiques et ses semblables sous l'aspect peu flatteur de sanguinaires et de barbares xénophobes. En effet, peu après le débarquement accidentel des cosmonautes survivants, les gravures rupestres nous montrent ces « naufragés » impitoyablement massacrés par les Capelléens ! Regardez cette case où l'on voit le sol jonché d'humanoïdes mutilés, démembrés, décapités avec furie par des autochtones dont les quatre bras sont armés de coutelas ou d'autres types d'armes blanches.

« Il ne semble pas que les humanoïdes aient commis le moindre des actes hostiles envers leurs assassins. S'il en était autrement, l'auteur de ces fresques n'aurait pas manqué de le mentionner dans son œuvre graphique. Le massacre achevé, nous voyons les Capelléens s'introduire dans l'astronef géant et en ressortir porteurs d'objets étranges et variés, pillant ainsi l'épave du vaisseau spatial.

« Immédiatement après cet épisode, les octaèdres font leur apparition dans le ciel. L'artiste nous montre les Capelléens, les yeux levés, regardant ces cristaux gigantesques descendant vers le sol. Et c'est bien à partir de là que l'historiographe décrit l'extermination de sa propre race, ou du moins la disparition de l'un des trois sexes qui entraîna l'extinction de son espèce.

— Nous pouvons donc en inférer que ces mystérieux cristaux sont une manière de Justiciers ? rumina Claude Rousseau. Des Justiciers venus Dieu sait d'où venger les humanoïdes en condamnant à leur tour les Capelléens pour leur forfait et leur cruauté.

— Cela paraît évident, opina la jeune métisse. Il est probable que les humanoïdes pacifiques représentaient — dans l'échelle des valeurs selon les critères des octaèdres — une valeur infiniment supérieure à celle de leurs meurtriers. Sans cela, les cristalloïdes n'auraient pas radicalement exterminés les Capelléens, même si ces derniers avaient massacré quelques centaines de malheureux astronautes naufragés.

— Des Justiciers, d'implacables Justiciers, fit pensivement Claude Rousseau en songeant, mal à l'aise, aux étranges cristaux octaédriques. Avec de tels voisins, nous n'avons qu'à bien nous tenir !

— Avons-nous jamais commis des exactions sur ce monde ou ailleurs ? objecta Nicole. Je ne vois pas pourquoi le cristalloïde géant qui semble avoir établi ses quartiers au milieu de nous déchaînerait sur nous les foudres de *sa* justice.

— A votre avis, Nicole, ce cristal polyédrique nous... nous aurait à l'œil en quelque sorte ? hasarda Georges Vidal.

— L'interprétation de ces gravures rupestres nous autorise à penser que ces cristaux exercent dans ce système solaire — et dans d'autres aussi, pourquoi pas ? — une surveillance permanente des espèces pensantes. Bien entendu, il s'agit là d'une théorie interprétative ; seule une étude méthodique de ces dessins et de leurs inscriptions pourrait — vraisemblablement — nous permettre de reconstituer les événements exacts qui marquèrent l'extermination des Capelléens.

— Jusqu'ici, remarqua Gavin Rice, le mystère subsiste quant à la destruction systématique des statues et bas-reliefs trouvés dans les diverses villes mortes que nos équipes explorent depuis notre arrivée.

— Le secret de cette iconoclastie réside peut-être dans ces hiéroglyphes ? supputa la jeune métisse en désignant les symboles verticaux placés à droite d'un des derniers rectangles supérieurs.

Le dessin proprement dit représentait, au premier plan, deux Capelléens renversant une statue tandis qu'un troisième, ses quatre bras armés de pics et d'outils crochus, détruisait un bas-relief. Au second plan, on apercevait une interminable colonne de Capelléens qui s'éloignaient, courbés sous le poids de lourds fardeaux.

Le topographe se gratta la nuque avec une grimace qui soulignait sa perplexité :

— Je souhaite bien du plaisir aux équipes d'archéologues qui, dans les mois à venir, s'atteleront au déchiffrement de ces inscriptions !

« Bon, ajouta-t-il, comme pour chasser de son esprit les innombrables énigmes soulevées par ces fresques d'un autre âge, il nous faut maintenant signaler au camp notre découverte et nous remettre au travail. Nicole, veux-tu prendre quelques clichés de la grotte et de ses étonnantes gravures ? C'est peut-être là tout ce qui reste de l'art capelléen et ces dessins rupestres présentent alors une valeur inestimable.

*
* *

Au soir de leur neuvième journée passée sur ce monde, si semblable à la Terre de par ses conditions physiques mais fondamentalement différent quant à sa faune et à sa flore, les membres de l'expédition cosmique s'étaient réunis autour d'un grand feu de camp. Ce brasier n'avait pas pour but d'éloigner les animaux inconnus que la présence des Terriens pouvait attirer : une haute clôture électrocutrice assurait à la base une excellente protection. Ce feu de camp avait été allumé simplement pour sacrifier à une habitude ancestrale, vite retrouvée chez les cosmonautes replongés dans cette nature sauvage et mystérieuse dont la beauté dissimulait traîtreusement bien des embûches.

Aménagés pour recevoir les quatre-vingts passagers du *Fulgurant,* les deux longs baraquements préfabriqués dressaient leur masse sombre à deux cents mètres de l'énorme astronef pointé vers le ciel étoilé. Malgré la distance, les flammes du grand feu jetaient parfois des éclats rougeoyants sur la coque de l'appareil dont l'ombre démesurée vacillait et dansait sur le sol calciné. A la limite sud du camp, le cristal octaédrique, toujours immobile dans l'air, brillait à la lueur du feu. Depuis la découverte de la grotte aux fresques gravées par l'un des derniers Capelléens, les Terriens considéraient d'un œil moins indifférent ce cristalloïde vivant dont les huit faces luminescentes renvoyaient maintenant l'image du brasier bizarrement colorée de bleu.

Assis en cercle autour du feu, ces hommes et ces jeunes femmes auraient pu passer pour de simples campeurs bivouaquant au crépuscule sur une plaine à la fois proche de la mer et de la forêt. Mais leurs collants, leurs cuissardes en polyvinyle, les cinq miroirs géants des photopiles surmontant chaque baraquement, enfin la silhouette immense de l'astronef ionique jetaient une note discordante dans ce tableau faussement paisible et naturel. Il suffisait aussi de regarder ce ciel violet, ses constellations déroutantes et cette énorme lune mauve, infiniment plus proche d'Europa que ne l'était Phœbé de la Terre, pour se convaincre que rien, ici, ne pouvait longtemps faire illusion. Ce globe fascinant n'était pas la planète Terre ; un abîme de 42 années-lumière, soit environ 400 000 milliards de kilomètres séparait ces deux mondes !

Comme chaque soir depuis leur arrivée, le commandant Dutertre se leva pour dresser le bilan de leurs multiples activités. Relié aux instruments radio du *Fulgurant,* son émetteur-récepteur portatif retransmit sa voix dans les haut-parleurs extérieurs :

— Nous voici donc au neuvième jour de l'An Un de l'ère *europane,* pour employer une terminologie adaptée à cette planète. Assurément, il serait présomptueux de vouloir déjà tirer des conclusions formelles, néanmoins, nous sommes fondés à croire sur la foi de nos explorations préliminaires que ce continent où nous avons édifié notre camp est inhabité. En cinq jours de reconnaissances aériennes, nous avons dénombré quelque soixante villes mortes dans un rayon de quinze cents kilomètres. A l'ouest, onze d'entre elles, de par leur étendue, devaient être les cités principales de ce continent.

« Europa nous apparaît donc de plus en plus comme un monde mort sur le plan de son antique civilisation. Les inscriptions et les gravures rupestres découvertes par Gavin Rice dépeignent très certainement l'agonie générale des Capelléens. Toutefois, si notre interprétation de ces fresques est correcte, il semble qu'un exode massif ait eu lieu après que les octaèdres géants eussent frappé les représentants de l'un des trois sexes de cette singulière espèce. Parmi la cohorte des fuyards, s'en trouvait-il appartenant à ce troisième sexe indispensable à la procréation chez les Capelléens ? Cela paraît peu probable, a priori, puisque les villes, ici, sont des cités-fantômes apparemment abandonnées depuis des siècles.

« Et quelle mystérieuse raison poussa ces êtres à détruire systématiquement leurs statues, bas-reliefs et autres effigies ? Autant de questions que seules une exploration et des recherches archéologiques pourront — peut-être — résoudre. Ce travail de longue haleine sera dévolu aux futurs colons et aux missions de recherches spécialisées dont les premiers

« contingents » pourront vraisemblablement être mis en place dans quelques mois. Car la colonisation de cette planète et l'implantation de Terriens sédentaires sont désormais possibles.

« En effet, des recherches biologiques, botaniques, zoologiques et physiologiques entreprises sur la faune et la flore d'Europa il ressort que : divers spécimens de fruits, de poissons, d'oiseaux et de mammifères sont parfaitement comestibles. Des tests probants l'ont formellement établi. Nous pourrions donc, dès à présent, trouver sur place même une nourriture saine et abondante et nous passer de vivres « importés » de la Terre. En outre, l'eau découverte à trois cents mètres d'ici est on ne peut plus potable.

« La sécurité du camp est par ailleurs garantie par la clôture électrocutrice et les divers types d'armes dont nous sommes pourvus ; son alimentation en électricité est assurée par nos installations hélio-énergétiques. Le camp peut donc vivre en autarcie : il n'est plus tributaire du *Fulgurant*. Par conséquent, cette autonomie intégrale est à la fois un gage de succès — pour nous — et la promesse du prompt épanouissement d'une colonie planétaire terrienne.

« La brillante réussite de notre expédition, et l'engagement pris par les autorités européennes de mettre à la disposition des autres nations nos futurs vaisseaux ioniques, inciteront je le crois les intéressés à créer enfin une Fédération Mondiale. Une Fédération dont les Etats vraiment unis se consacreront à la paix en œuvrant en commun pour peupler et développer ce monde riche d'espérances et de possibilités concrètes illimitées. L'avenir résurrectionnel d'Europa — je n'en doute pas davantage — fera un jour de cette planète, sœur de la nôtre, une Terre Promise dont nous serons fiers d'avoir été les pionniers.

« Le génie du professeur Rocca, père du système de propulsion ionique du *Fulgurant,* nous a permis de vaincre la « barrière luminique » en nous traçant une voie à travers cet étrange milieu qu'est le sub-espace. Notre voyage, en démontrant que la vitesse de la lumière n'était point un mur infranchissable, a donné raison à l'un des premiers hommes à avoir piloté l'ancêtre — bien imparfait, alors — des astronefs : l'avion-fusée *X-15.* En 1958 déjà, ce pilote d'essai — Scott Crossfield — n'hésitait pas à affirmer à propos des vols astronautiques : « La seule barrière est celle qui existe dans l'esprit des hommes. »

« D'autres hommes, après nous, viendront sur ce monde et sur d'autres, qui pousseront toujours plus loin à travers le Cosmos et feront reculer les limites du Savoir. Oui, je crois vraiment que le destin de l'homme est dans l'Espace, dans cet admirable Univers où la Terre n'est qu'un infime grain de sable sur lequel, trop souvent, s'agitent de fâcheux trublions dont la folie ou les extravagances entravent l'essor de l'humanité. Je garde confiance, pourtant, et forme le souhait que notre expédition cosmique couronnée de succès puisse servir d'exemple aux humains ; je souhaite ardemment qu'elle les encourage à lever plus fréquemment les yeux vers le ciel — maintenant accessible — au lieu de s'attendrir en rêvant au passé et à ses monstrueuses aberrations guerrières !

« La plus formidable conquête de tous les temps est celle de l'Espace. Et ce n'est point avec des mitrailleuses ni des bombes atomiques qu'elle s'accomplira mais avec des équations, des formules chimiques et avec l'arsenal pacifique des techniciens et des savants enfin libérés de toutes contraintes.

Les paroles du commandant Dutertre avaient créé une exaltation muette chez les astronautes rassemblés autour du feu de camp. Et ce n'était pas sans une vive émotion qu'ils évoquaient la magnifique évolution de l'homme vers un avenir meilleur à l'avènement duquel chacun d'eux allait contribuer. Perdus dans leurs pensées que ne parvenaient pas à troubler les crépitements du brasier ni le ronronnement des flammes, ils ne prêtaient qu'une attention distraite à l'éclat bleuâtre de l'énorme cristal octaédrique. Les faibles variations d'intensité de leur point frontal luminescent leur échappaient aussi en cet instant de méditation et ils ne se souciaient pas davantage des vibrations mélodieuses, à peine audibles, que l'octaèdre lançait dans la nuit.

Et pourtant...

Ces vibrations émises par le cristal vivant étaient la manifestation sonore d'ondes mystérieuses — indécelables aux instruments humains, elles — dirigées vers un monde inconnu gravitant dans les profondeurs de l'espace, aux confins de la Galaxie. Un monde dont les êtres polymorphiques — doués d'une incalculable puissance — parcouraient l'Univers à bord de leurs sphères cosmiques mais qui pouvaient tout aussi bien se déplacer sans le secours d'aucun appareil au sein même du subespace.

Parmi l'infinité des espèces pensantes peuplant la Galaxie, très peu savaient exactement ce qu'étaient ces créatures apparaissant ici sous l'aspect d'octaèdres, là sous celui d'êtres charnels, ailleurs se métamorphosant en végétaux ou en un extraordinaire champ de force glacial. Les rares espèces qui *savaient* les considéraient avec un respect mêlé de crainte guère éloigné des sentiments qu'éprouvaient les primitifs à l'égard des divinités païennes. Ces étranges créatures polymorphiques étaient seules capables — si tel était leur désir — d'entrer en communication avec les êtres auprès desquels elles se manifestaient. En se plaçant à leur niveau psychique, elles pouvaient ainsi leur révéler les raisons profondes de leur apparition inopinée.

Leurs révélations, parfois, demeuraient lettre morte et les races pensantes restées sourdes à leurs messages disparaissaient alors, comme effacées par une force mystérieuse contre laquelle nulle arme n'avait jamais été capable de se mesurer.

***

Non, une sentence immédiate serait contraire à l'Immuable Loi Cosmique. Si le mental de ces créatures garde l'empreinte d'une corruption latente, il n'est en rien prouvé que cette corruption sévira sur la planète où elles viennent d'aborder. Nous n'avons encore jamais opéré dans leur système solaire et nous les connaissons trop peu pour porter à leur endroit un jugement définitif.

Nous devons accorder à ces êtres un sursis, un Délai de Sagesse, avant de nous révéler à eux. Nous les avons marqués et rien, si leurs actes devaient nous dicter leur annihilation, ne pourrait les soustraire à l'application de la sentence. Ces créatures peuvent être sauvées ; elles semblent avoir saisi l'un des aspects de notre rôle. Si elles n'enfreignent point les lois de l'harmonie cosmique, nous pourrons les assimiler pour le plus grand bien de leur devenir.

Si la corruption — sur ce monde — n'affecte qu'un petit nombre d'entre elles, celles-là seulement seront annihilées pour la sauvegarde du grand nombre. Mais si leurs infractions à la grande loi cosmique sont généralisées, leur espèce alors devra disparaître...

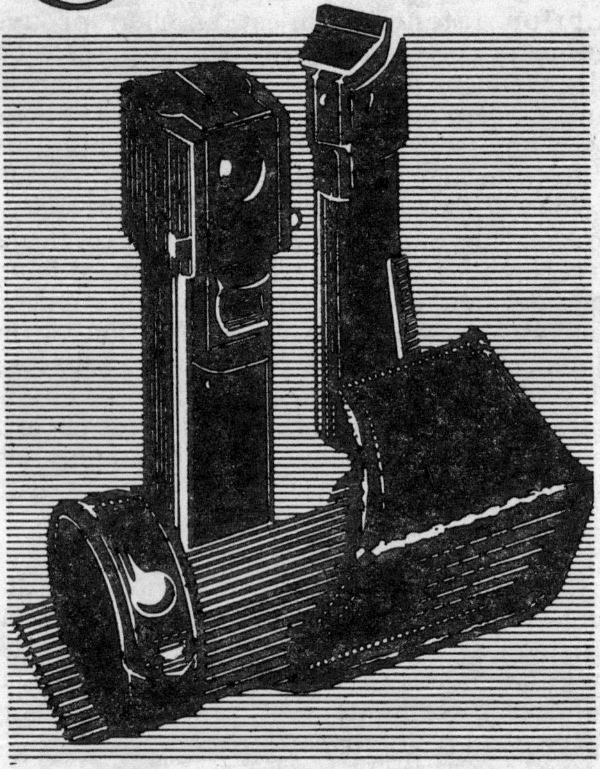

SERVICE ACTION

par Paul Vence

Au Service Action,
tout le monde connaît Robert Skal.
Il appartient au Groupe Ecarlate,
l'élite du contre-espionnage français.
Les hommes apprécient son courage,
les femmes son charme slave...
Mais quand la France est en danger,
il est impitoyable.
Comme un squale.

Chez votre libraire :

N° 1 K COMME KARNAVAL
N° 2 OPÉRATION JACARANDA
N° 3 TORPILLES SUR LE KGB
N° 4 PLAN GALILÉE
N° 5 CLASH A ZAGORA
N° 6 COUP DUR A KOUROU
N° 7 L'AFFAIRE TIBERMANN
N° 8 CHOC A BRISBANE
N° 9 L'ESPIONNE DE BAGDAD
N° 10 EXÉCUTION A NEW ORLEANS
N° 11 SOS FAUCON BLEU

LES ANTI-GANGS

Les Anti-gangs, une équipe d'hommes durs et implacables qui tuent et se font tuer dans un combat sans merci.

DÉJÀ PARUS :

AUGUSTE le BRETON :

Nº 1 : L'AS DES ANTI-GANGS
Nº 2 : L'AS ET BELLES CHAUSSURES
Nº 3 : L'AS ET LE CASSE DU SIÈCLE
Nº 4 : L'AS ET LA MARQUISE
Nº 5 : L'AS ET L'ENNEMI PUBLIC
Nº 6 : L'AS ET LES TERRORISTES
Nº 7 : L'AS AU SÉNÉGAL
Nº 8 : L'AS ET LES MALFRATS

GEORGES PIERQUIN :

Nº 9 : LE PLUS SALAUD DES TROIS
Nº 10 : LA POLKA DES RINGARDS
Nº 11 : LE POULET A L'ARMORICAINE
Nº 12 : BASTOS À LA VOLÉE
Nº 13 : TROIS MÉDUSÉS DANS UN RAFIOT
Nº 14 : DES POULETS ET DES HOMMES
Nº 15 : CES DAMES AU SALOON
Nº 16 : TACATA ET FUGUE EN RÉ
Nº 17 : DE L'EAU DANS LE GAZOLE
Nº 18 : BARBE-BLEUE, SATAN AND Cº
Nº 19 : LA POULE AUX YEUX D'OR
Nº 20 : RAS-LE-SAC
Nº 21 : ÇA BARDE À CAMBRONNE
Nº 22 : MISE EN BIÈRE-PRESSION
Nº 23 : CAR L'OS C'EST CARLOS
Nº 24 : LE PRIX DU SANG
Nº 25 : LA PEAU DE LA PANTHÈRE
Nº 26 : MAIN BASSE SUR L'AUTOROUTE
Nº 27 : MISSION EN TROIS POINTS
Nº 28 : QUAND LES SOURIS DANSENT
Nº 29 : CINQ MILLIARDS AU BOUT DU COLT
Nº 30 : FESTIVAL D'AZUR ET DE SANG

Achevé d'imprimer en juillet 1984
sur les presses de l'Imprimerie Bussière
à Saint-Amand (Cher)

— N° d'édit. 11208. — N° d'imp. 1370. —
Dépôt légal : août 1984.

Imprimé en France